AI短视频制作完全攻略

时代飞鹰 编著

内 容 提 要

本书是一本专为短视频创作者、内容营销人员及新媒体从业者量身打造的实战指南。本书摒弃冗长的理论讲解,以实战操作为核心,旨在通过系统化的学习路径和丰富的实战案例,帮助读者快速掌握AI短视频制作的核心技能。

全书共分为6章,内容全面且深入。第1章概述了AI在短视频制作中的应用及常用工具,为读者提供了入门指导。第2章至第4章则分别深入探讨了AI生成短视频文案、素材图片及将文案和图片转化为视频的实战技巧。第5章详细讲解了如何使用剪映App等工具的AI功能,将图片生成多样化的短视频。第6章则聚焦于AI智能编辑短视频的高级技巧,包括智能素材及特效处理、智能视频剪辑与色彩调整等。

本书由多位在短视频创作及AI技术领域具有丰富经验的专家参与编写和审核,确保了内容的权威性和实用性。无论是想要快速掌握AI短视频制作技能的初学者,还是希望提升创作效率和作品质量的专业人士,本书都是一本不可或缺的实战宝典。通过本书的学习,读者能够借助AI的力量创作出更多富有创意和影响力的短视频作品,共同推动短视频行业的繁荣发展。

图书在版编目(CIP)数据

AI短视频制作完全攻略 / 时代飞鹰编著. —— 北京:北京大学出版社, 2025.7. —— ISBN 978-7-301-36086-6

Ⅰ.TN948.4-39

中国国家版本馆CIP数据核字第2025KD1507号

书　　　名	AI短视频制作完全攻略 AI DUANSHIPIN ZHIZUO WANQUAN GONGLUE
著作责任者	时代飞鹰　编著
责任编辑	刘　云　吴秀川
标准书号	ISBN 978-7-301-36086-6
出版发行	北京大学出版社
地　　　址	北京市海淀区成府路205号　100871
网　　　址	http://www.pup.cn　新浪微博:@北京大学出版社
电子邮箱	编辑部 pup7@pup.cn　总编室 zpup@pup.cn
电　　　话	邮购部 010-62752015　发行部 010-62750672　编辑部 010-62570390
印　刷　者	大厂回族自治县彩虹印刷有限公司
经　销　者	新华书店
	880毫米×1230毫米　32开本　6.875印张　197千字 2025年7月第1版　2025年7月第1次印刷
印　　　数	1-4000册
定　　　价	49.00元

未经许可,不得以任何方式复制或抄袭本书之部分或全部内容。
版权所有,侵权必究
举报电话: 010-62752024　电子邮箱: fd@pup.cn
图书如有印装质量问题,请与出版部联系,电话: 010-62756370

前言

在数字化浪潮席卷全球的今天,短视频以其独特的魅力迅速崛起,成为信息传播和娱乐消费的重要载体。无论是企业营销、品牌推广,还是个人创作、生活分享,短视频都扮演着举足轻重的角色。而AI技术的不断突破,则为短视频制作带来了前所未有的变革与机遇。

正是基于这一背景,我们精心策划并编写了《AI短视频制作完全攻略》一书,旨在通过AI这一先进工具,为短视频创作者提供一套全面、系统且实用的实战指南,帮助他们在这场短视频革命中脱颖而出,创作出更多富有创意和影响力的作品。

在短视频制作的过程中,文案、素材图片和视频编辑是三个不可或缺的要素。AI技术的引入,不仅极大地提高了这些要素的生产效率,还赋予了短视频更多的创意空间和个性化表达。本书从这三个核心要素出发,深入探讨了AI在短视频制作中的具体应用与实践案例。

本书共分为6章,内容涵盖了AI短视频制作的各个方面。从AI短视频制作的概念、意义及常用工具介绍,到AI生成短视频文案、素材图片,以及将文案和图片转化为视频的实战演练,再到AI智能编辑短视频的高级技巧与创意应用……每一章都紧密结合当前AI技术的最新进展,通过详细的步骤讲解和丰富的实战案例,让读者在轻松愉快的氛围中掌握AI短视频制作的核心技能。

在本书的编写过程中,我们特别注重实战性和可操作性。每个章节都包含了多个精心设计的实战案例,旨在让读者通过亲自动手操作,直观地感受AI短视频制作的魅力。这些案例不仅涵盖了AI短视频制作的各个环节,还结合了当前短视频市场的热门话题和流行趋势,让读者在实战中不断提升自己的技能和创意水平。

为了确保本书内容的权威性与实用性,我们邀请了多位在短视频创作及AI技术领域具有丰富经验的专家参与编写与审核。他们的专业见解与实战经验为本书增添了更多的价值与深度,让本书不仅是一本实用的操作手册,更是一本具有前瞻性和启发性的实战宝典。

在这个短视频风靡全球的时代,我们相信,本书不仅能够帮助创作者们快速掌握AI短视频制作的核心技能,更能够激发他们的创造力,创作出更多令人耳目一新的短视频作品。让我们携手共进,借助AI的力量,共同推动短视频行业的繁荣发展!

编者

目录

第1章 AI在短视频制作中的应用及常用工具 001

1.1 拥抱AI短视频制作…………002
    1.1.1 AI短视频制作的概念与意义……………002
    1.1.2 AI技术在短视频中的应用………………003
    1.1.3 学习AI短视频制作的资源和方法………………004
1.2 AI短视频制作相关工具……005
    1.2.1 AI文案生成工具………005
    1.2.2 AI图像生成工具………008
    1.2.3 AI视频生成工具………009
1.3 AI工具的选用策略…………011
1.4 有效提问结构………………012
1.5 使用AI生成文案的注意事项…………………………014

第2章 AI生成短视频文案 017

2.1 AI短视频文案创作概述……018
    2.1.1 短视频文案的重要性……018
    2.1.2 短视频文案的特点………019
    2.1.3 AI在短视频文案创作中的应用………………021
    2.1.4 AI生成短视频文案的优势………………022
2.2 使用AI生成视频文案的基本流程……………………………023
    2.2.1 明确短视频文案主题与目标需求……………024
    2.2.2 选择AI文案创作工具——DeepSeek………………025
    2.2.3 使用DeepSeek生成短视频

文案 …………………… 027
2.2.4 调整与优化文案 ………… 029
2.3 AI生成短视频文案的实战
演练 …………………… 032

2.3.1 AI助力短视频脚本文案
策划与创作 …………… 033
2.3.2 不同类型的短视频文案
生成策略 ……………… 046

第3章 AI生成短视频素材图片 060

3.1 AI生成短视频素材图片
概述 …………………… 061
  3.1.1 AI在短视频素材图片生成
中的应用 ……………… 061
  3.1.2 AI生成素材图片的
优势 …………………… 062
  3.1.3 AI生成素材图片的
流程 …………………… 064
3.2 AI生成短视频图片实战 …… 067
  3.2.1 实战：根据短视频主题
生成背景图片 ………… 067
  3.2.2 实战：根据短视频角色
生成个性化头像 ……… 074
  3.2.3 实战：根据商品特征描述

生成商品图 …………… 079
  3.2.4 实战：根据风格与色彩
描述生成背景图片 …… 083
  3.2.5 实战：使用豆包生成道具
图片 …………………… 089
  3.2.6 实战：使用豆包生成场景
图片 …………………… 093
  3.2.7 实战：使用即梦AI生成
现代人像图片及数字人口
播视频 ………………… 098
  3.2.8 实战：使用即梦AI生成
漫画人像 ……………… 104
  3.2.9 实战：使用即梦AI生成
证件照 ………………… 106

第4章 AI文案生成短视频 110

4.1 使用"剪映"将文本内容生成
视频 …………………… 111
  4.1.1 实战1：使用"图文成片"

功能生成视频 ………… 111
  4.1.2 实战2：使用"文章链接"
生成视频 ……………… 115

目 录

4.1.3 实战3：使用"剪同款"
（预设模板）快速生成节日
贺卡视频 ……………… 119
4.1.4 实战4：使用"AI作图"
与"文本朗读"功能制作
视频 …………………… 122
4.2 使用"一帧秒创"将文本内容
生成视频 ………………… 127
4.3 使用"腾讯智影"将文本内容
生成视频 ………………… 131

第5章 AI图片生成短视频 136

5.1 使用剪映App的AI基础功能将
图片生成视频 …………… 137
    5.1.1 实战1：使用"图文成片"
功能生成美食视频 …… 137
    5.1.2 实战2：使用"一键成片"
功能套用模板快速生成
Vlog短视频 …………… 140
    5.1.3 实战3：使用AI语音合成与
图文匹配功能制作产品
展示视频 ……………… 142
    5.1.4 实战4：使用AI风格迁移
功能制作艺术风格
视频 …………………… 146
5.2 使用剪映App的AI高级功能将
图片生成视频 …………… 148
    5.2.1 实战1：使用AI智能文案
与图片匹配功能制作旅游
视频 …………………… 149
    5.2.2 实战2：使用AI风格化
技术制作复古风格家庭
相册视频 ……………… 151
    5.2.3 实战3：使用AI语音解说与
图片同步功能制作产品
介绍语音解说视频 …… 153
    5.2.4 实战4：使用在线调整素材
与背景音乐功能制作旅行
分享视频 ……………… 156
    5.2.5 实战5：使用AI数字人播报
与图片展示功能制作新闻
播报数字人视频 ……… 158
5.3 使用剪映App的AI创意功能将
图片生成视频 …………… 160
    5.3.1 实战1：使用AI智能剪辑
与图片合成功能制作美食
视频 …………………… 161
    5.3.2 实战2：使用AI语音解说与
图文同步功能制作旅游
相册语音解说视频 …… 163
    5.3.3 实战3：使用AI风格迁移
功能制作艺术风格个人

写真视频 ……………… 165

5.3.4 实战4：使用AI动态字幕与视频增强功能制作动态字幕美食教程视频……… 167

5.4 使用剪映的"剪同款"功能将图片生成视频 ……………… **170**

5.4.1 实战1：使用"剪同款"功能制作美食视频……… 170

5.4.2 实战2：使用"剪同款-卡点"模板制作卡点视频 ……………… 172

5.4.3 实战3：使用"剪同款-音乐MV"模板制作音乐视频 ……………… 174

5.4.4 实战4：使用"剪同款-AI玩法"模板制作奇趣视频 ……………… 176

第6章　AI智能编辑短视频　　179

6.1 智能素材及特效处理 ……… **180**

6.1.1 实战1：使用素材包编辑视频 ……………………… 180

6.1.2 实战2：使用识别歌词功能添加歌词字幕 ………… 185

6.1.3 实战3：使用智能字幕功能为视频生成字幕 ……… 189

6.1.4 实战4：使用朗读功能为文本内容生成AI配音音频 ……………………… 193

6.1.5 实战5：给视频添加特效 ………………… 198

6.2 智能视频剪辑与色彩调整 …**200**

6.2.1 实战1：智能识别与自动剪辑旅行视频 ………… 200

6.2.2 实战2：使用智能色彩与滤镜调整美食视频色彩 ………………… 204

6.2.3 实战3：使用色度抠图功能抠取视频中的人像 …… 208

第 1 章

AI 在短视频制作中的应用及常用工具

短视频已经成为互联网上最受欢迎的内容形式之一，而 AI 技术的融入为短视频创作带来了革命性的变化。本章首先带你了解 AI 如何助力短视频的制作，从剧本创作到最终剪辑，每一个环节都能通过 AI 技术得到优化和提升；其次，我们将探索一系列实用的 AI 工具，它们能够帮助你提高工作效率，同时保持内容的创新性和个性化；最后，我们将介绍如何向 AI 提问，以及 AI 生成文案的注意事项。

让我们一起深入了解 AI 在短视频制作中的应用，并探索这些工具如何帮助你创作出更吸引人、更有影响力的视频作品。

1.1 拥抱AI短视频制作

在当今信息爆炸的时代，短视频以其短小精悍、内容丰富的特性，迅速占据了互联网内容传播的重要地位。而AI（Artificial Intelligence，人工智能）技术的引入，为短视频制作领域注入了新的活力，让创意构思、拍摄剪辑、后期特效，乃至精准推送等各个环节实现了质的飞跃。拥抱AI短视频制作，意味着顺应时代潮流，利用先进的科技手段提升内容创作效率与质量，实现个性化、智能化的内容产出。

1.1.1 AI短视频制作的概念与意义

AI短视频制作是指在短视频创作过程中，运用AI技术进行辅助或自动化操作，涵盖剧本生成、素材筛选、画面合成、语音识别、音乐匹配、特效添加、字幕生成、内容审核、用户推荐等多个环节。这种模式不仅极大地减轻了创作者的手动工作负担，更以其精准的数据分析和智能决策能力，使得短视频制作更加高效、精准且富有创新性。

AI短视频制作的意义主要体现在以下几点：

❶ 提高创作效率

AI能够快速处理大量数据，如自动识别并剪辑视频中的精彩片段，自动生成符合主题的背景音乐与字幕，大大缩短了传统人工制作所需的时间。

❷ 优化内容质量

AI通过深度学习算法，能精准理解用户喜好与市场趋势，辅助创作者制定更具吸引力的剧本，选择更符合内容调性的视觉元素，甚至实时调整视频色调、节奏以提升观看体验。

❸ 实现个性化推送

基于用户行为数据和内容标签，AI可精准匹配用户兴趣，实现千人千面的短视频推荐，提高内容的触达率与用户黏性。

④ 赋能内容创新

AR（Augmented Reality，增强现实）、VR（Virtual Reality，虚拟现实）等技术与AI结合，为短视频创作开辟了全新的视觉表现形式，推动了内容创新与产业升级。

1.1.2 ▶ AI技术在短视频中的应用

随着AI技术的飞速发展，其在短视频领域的应用正变得越来越广泛和深入，主要体现在以下几个方面：

① AI剧本生成

基于大数据分析和自然语言处理技术，AI可以自动生成剧本大纲、对白甚至完整的故事脚本，为创作者提供丰富的创意灵感。

② 智能剪辑

通过图像识别、动作追踪等技术，AI能自动选取最佳镜头、精准同步音频，甚至可以实现动态转场、特效添加等复杂编辑任务。

③ 语音识别与合成

AI不仅能准确识别视频中的语音内容并生成字幕，还能根据文本生成逼真的人声配音，打破语言和听力障碍，提升内容的普适性。

④ 音乐匹配与生成

基于深度学习的音乐理解和生成技术，AI能自动为短视频配乐，甚至根据视频情感色彩创作定制音乐，强化内容的情感表达。

⑤ 智能审核与推荐

AI通过图像识别、语义分析等技术，能够对短视频进行内容审核，确保合规性。同时，AI可以将用户画像与内容标签进行精准匹配，实现个性化推送。

总之，AI技术在短视频的应用日益广泛，为短视频的发展注入了新的活力和创新动力。

1.1.3 ▶ 学习AI短视频制作的资源和方法

面对日新月异的AI与短视频制作技术，持续学习与提升相关技能至关重要。要持续学习AI短视频制作技能，以下是一些资源和方法相关的建议：

1 在线课程与教程

利用Coursera、Udemy、B站、优优教程网、网易云课堂等平台，参加由知名院校或行业专家开设的AI与短视频制作课程，系统学习理论知识与实战技巧。

2 专业论坛与社区

积极参与Stack Overflow、知乎、Vimeo等社区讨论，关注AI与短视频制作的相关话题，了解行业动态，交流实践经验。

3 软件与工具学习

掌握如Adobe Premiere Pro、Final Cut Pro、剪映等专业视频编辑软件中集成的AI功能，以及专门的AI短视频制作工具，如Wibbitz、Magisto等。

4 实践项目与竞赛

参与各类短视频制作比赛，或自行开展AI短视频创作项目，将所学知识应用于实际，不断提升技能水平。

5 学术研究与报告

关注AI与短视频制作领域的前沿研究成果，阅读相关的学术论文、研究报告，了解最新技术趋势与应用场景。

6 保持好奇心和热情

保持对AI短视频制作的好奇心和热情，不断探索新的技术和创意，尝试新的方法和工具，以提高自己的创作水平和效率。

第1章 AI 在短视频制作中的应用及常用工具

总之，只有不断地学习、实践和探索，才能日益精进 AI 短视频制作技能。

1.2 AI短视频制作相关工具

在短视频创作的世界里，AI工具已经成为创作者们的得力助手，从构思文案、设计视觉元素到生成完整视频，它都能提供高效便捷的支持。以下是对各类型AI工具的简要介绍，以便您更好地理解和使用这些工具。

1.2.1 AI文案生成工具

AI文案生成工具是一种基于AI技术的写作辅助工具，能够自动产生文案内容，以辅助创作者在各种场景下的文案撰写工作。以下是几款常用的AI文案生成工具：

❶ DeepSeek

DeepSeek是一款由中国杭州深度求索人工智能基础技术研究有限公司开发的人工智能大语言模型，具备自然语言理解、生成、推理和多模态交互等能力。在AI文案生成方面，DeepSeek可广泛应用于广告文案、社交媒体推文、产品介绍等多个领域。它具备智能推荐、语言风格多样、快速生成等核心优势，用户只需输入关键词或简单描述，即可在几秒钟内获得多种风格的文案供选择。DeepSeek不仅显著提高了文案写作的效率，还为用户提供了多样化的语言风格和智能推荐，使得文案更加出彩，成为文案工作者的得力助手。

❷ ChatGPT

它是一款由OpenAI开发的强大语言模型，能理解用户输入的指令或问题，并生成连贯、有深度的文本回复。在短视频制作中，可以用它来创作吸引人的标题、编写故事脚本、撰写旁白解说,甚至生成互动弹幕内容。ChatGPT以其高度拟人化的对话风格和广泛的知识储备,为短视频赋予了独特魅力。

❸ 豆包

豆包是由中国互联网科技公司字节跳动(ByteDance)自主研发的智能助手工具,基于多模态大语言模型技术构建,主打高效交互与场景化服务能力。其核心特色在于深度融合自然语言理解、图像识别及实时信息处理功能,支持智能问答、创意内容生成(如文案撰写、图像设计)、多语言翻译、生活服务查询(天气、交通等)及个性化学习辅助,并通过轻量化设计实现低延迟响应。豆包依托字节跳动的海量数据与算法优势,具备动态学习用户偏好的能力,提供精准的个性化推荐,同时采用端云协同架构保障服务流畅性。该工具注重隐私安全,通过数据加密与权限管理确保用户信息安全,支持移动端、网页等多平台无缝衔接,覆盖办公、教育、娱乐等多元场景,旨在以简洁易用的界面和智能交互体验提升日常效率,成为大众用户的生活与工作助手。

❹ Kimi

Kimi是一款轻量级的智能写作助手,擅长根据用户提供的关键词或主题快速生成各类文案。无论是短视频开头的引子、中间的过渡语句还是结尾的总结,Kimi都能提供多样化的文字选项。它的操作简单易懂,特别适合新手创作者快速提升文案撰写效率。

❺ 文心一言

百度研发的文心一言,是一款专为中国市场打造的AI文案生成工具。它深谙中文语言习惯和文化背景,能精准理解用户需求,创作出既符合主题又接地气的文案内容。无论是短视频剧本构思、标题拟定还是内容提炼,文心一言都能助用户一臂之力。

❻ 讯飞星火

讯飞星火依托科大讯飞在语音识别与自然语言处理领域的深厚积累,

第 1 章　AI 在短视频制作中的应用及常用工具

能够提供高效的文案创作服务。只需输入关键词或简短描述，讯飞星火就能生成富有创意、语言流畅的文案，适用于短视频的各个叙事环节。其智能纠错功能还能确保文案语法准确、表达规范。

❼ 秘塔写作猫

秘塔写作猫是一款集智能写作、校对于一体的 AI 工具。在短视频制作中，可以利用它来生成高质量的剧本、旁白或标题文案。写作猫的优势在于其细致的语法检查和润色功能，能让文字表述更专业、更具说服力。

❽ 通义千问

通义千问是由阿里巴巴集团旗下的达摩院开发的一款大型语言模型，旨在为用户提供高效、准确的知识问答服务。该工具的特色在于其全面覆盖的知识体系、精准智能的问答机制、实时动态的知识更新及人性化的交互设计。它支持多轮对话，能够理解和记忆对话上下文，实现深层次的沟通。同时，通义千问还具备多语言支持功能，能够处理和生成多种语言的内容，实现跨语言的沟通与信息获取。此外，它还提供了知识问答、教育辅助、信息检索及创新应用（如文案创作、逻辑推理、多模态理解）等多种功能。无论是学术研究、职场咨询还是生活常识问答，它都能为用户提供精准、高效、便捷的知识获取体验。

❾ Notion AI

Notion AI 是 Notion 平台内置的智能写作助手，能够帮助用户快速撰写各种类型的文本内容。在创作短视频时，可以借助 Notion AI 构思创意文案、编写剧本概要或生成简洁明了的解说词。其简洁的界面与 Notion 工作区无缝集成，便于用户在一处集中管理所有创作素材。

这些 AI 文案生成工具各具特色，可以根据不同的需求选择适合的工具。它们不仅可以提高文案创作的效率，还可以为创作者提供新的灵感和思路。然而，虽然这些工具能够辅助创作，但最终的文案质量还需要创作者进行审查和修改，以确保符合品牌风格和目标受众的口味。

1.2.2 AI图像生成工具

AI图像生成工具利用深度学习算法，能够根据用户提供的文本提示或现有图像，生成新的图像内容。这些工具在艺术创作、设计、娱乐和教育等多个领域都有广泛的应用。下面简单介绍几款较为知名的AI图像生成工具：

❶ 可灵AI

可灵AI是一款AI驱动的智能图像工具，能够通过自然语言指令快速生成高质量图像（如"古风山水画"或"科幻角色"），并支持一键修复模糊照片、智能补全画面或转换艺术风格（如油画、动漫等）。其操作简单、渲染高效，适合设计师、自媒体等用户高效创作视觉内容，提供网页和移动端服务，部分高级功能需订阅。

❷ 即梦

即梦是由抖音推出的一款生成式人工智能创作平台，其开发团队为深圳市脸萌科技有限公司。即梦以"一站式AI创作平台"为定位，工具特色突出，具有高效创作的故事模式、激发灵感的创意社区及得心应手的中文创作能力。其主要功能包括AI绘图、视频生成、故事创作及音乐生成等，用户可通过自然语言及图片输入，生成高质量图像及视频，并进行个性化编辑，满足各种场景的创作需求。

❹ Flag Studio

Flag Studio是一款在线AI绘画工具，提供丰富的艺术风格供用户选择。只需输入简单的文字描述或关键词，它就能生成与之相符的精美图像，为用户的短视频增添丰富的视觉表现力。其直观的操作界面让用户无须具备任何绘画基础也能轻松创作。

❺ Midjourney

Midjourney是一个高级AI绘画平台，以精细的图像质量和丰富的艺术风格选项著称。用户只需输入详细的文本描述，Midjourney就能创作出极具艺术感的图片，完美契合短视频主题，提升整体视觉效果。

6 Stable Diffusion

Stable Diffusion 是一款开源的 AI 图像生成模型，能够根据用户的文字提示生成高度逼真的艺术作品。无论用户需要何种风格、何种主题的图像，Stable Diffusion 都能满足需求，为短视频提供专业的视觉支撑。

这些工具各有特色，有的注重艺术创作，有的适合快速原型设计，有的则提供了强大的编辑和后处理功能。用户可以根据自己的需求选择合适的工具进行创作。

1.2.3 AI 视频生成工具

AI 视频生成工具利用 AI 技术，根据用户输入的文本、图像或其他媒体内容，自动生成视频。这些工具在营销、社交媒体内容创作、电影制作和个人娱乐等领域有广泛应用。以下是一些较为知名的 AI 视频生成工具：

1 一帧秒创

一帧秒创也称为秒创，是一款智能化的视频创作平台，内置多种 AI 功能，如自动剪辑、智能配乐、字幕生成等。该平台支持上传视频素材，快速完成剪辑，一键生成专业级短视频，极大地提升视频制作的效率与质量。

2 腾讯智影

腾讯智影是一款全能型视频制作工具，融合了 AI 智能剪辑、自动字幕、智能配音、特效添加等多项功能。无论是新手还是专业人士，都能利用智影轻松完成从素材整理到成片发布的全流程视频制作。

3 艺映 AI

艺映 AI 专注于人工智能视频领域，提供文生视频、图生视频、视频转漫等服务，允许用户通过文字、图像生成视频或将视频转化为动漫风格。

4 剪映

剪映（海外版称为 CapCut）是抖音官方推出的免费视频编辑软件，

内置丰富的AI功能，如智能分割、自动卡点、滤镜匹配等。其简洁易用的界面和强大的AI支持，让短视频剪辑变得轻松快捷，助用户快速创作出符合流行趋势的作品。

5 快影、快剪辑

快影和快剪辑是两款面向大众的短视频编辑App，均配备了AI智能剪辑、自动字幕、特效模板等功能。使用这两款软件，只需简单几步操作，就能将手机中的照片和视频素材转化为酷炫的短视频，非常适合日常分享和社交媒体发布。

6 Sora

Sora是一款结合AI技术的专业视频编辑软件，提供智能剪辑、自动调色、音轨同步等高级功能。对于追求更高视频制作水准的用户，Sora能帮助您精细调整每一个视频细节，打造出媲美专业工作室的短视频作品。

7 Runway

Runway是一款创新的AI视频创作平台，集合了实时视频生成、特效合成、3D建模等多种前沿技术。无论用户是想制作电影级预告片、动态视觉艺术片还是试验性短片，Runway都能提供强大的技术支持，释放用户的创意潜力。

8 D-ID

D-ID专注于AI驱动的人脸动画技术，能够将静态照片转化为栩栩如生的动态表情。在短视频制作中，用户可以利用D-ID将静态人物照片变为活灵活现的角色，为视频增添新颖独特的互动效果。

9 可灵

可灵是快手AI团队自主研发的视频生成大模型，能生成高达1080p分辨率、最长2分钟（30fps）且支持自由宽高比的视频，其官网于2024年6月6日正式上线，随后在6月21日推出图生视频功能，并于7月6日正式上线了可灵AI的网页端。

这些AI视频生成工具各具特色，有的擅长将文本转换为视频，有的能够将静态图像动态化，还有的能够生成具有复杂场景和角色的视频内容。用户可以根据自己的需求选择合适的工具进行创作和编辑。

由此可见，与短视频制作相关的各类AI工具各具特色，能满足不同创作者在文案撰写、图像设计、视频制作等方面的需求，助力您轻松打造出高质量、富有创意的短视频作品。

1.3 AI工具的选用策略

作为一名AI短视频创作者，在面对众多的AI短视频制作工具时，应该综合考虑多个因素，以确保选用的工具能够提高制作效率，并符合个人的创作风格和目标受众的喜好。以下是一些AI工具选用的建议。

1 明确需求与目的

在选择AI工具之前，首先要明确自己的短视频制作需求与目标。不同的AI工具在功能、适用场景和效果上存在差异，因此需要根据实际需求来选择最合适的工具。要清楚地知道自己为什么需要AI工具，它能帮解决什么问题。比如，你可能需要AI帮助撰写文案、设计图像、剪辑视频，或者进行数据分析、预测等。明确需求后，你可以有针对性地寻找具备相应功能的AI工具。

2 比较工具性能与适用范围

了解不同AI工具的核心功能、技术优势、适用领域及限制条件。比如，某些AI写作工具可能擅长生成营销文案，而另一些则在学术论文写作上有优势。对于图像生成工具，有的可能更适合创作艺术插画，有的则在生成真实照片方面表现出色。对比这些特点，找出最符合你需求的工具。

3 考虑易用性与学习成本

好的AI工具应具备用户友好的界面和清晰的操作指南，使用户能在短时间内上手使用。查看用户评价、教程资源及客服支持情况，评估自己掌握该工具所需的时间和精力。如果一个工具功能强大但学习难度大，可能并不适合时间紧迫或不熟悉技术的用户。

4 评估数据安全与隐私保护

如果你的项目涉及敏感数据，请务必关注AI工具的数据处理方式及安全防护措施。确认工具是否遵循行业标准（如GDPR、CCPA等），是否有加密传输、匿名化处理等保障机制。确保你的数据在使用AI工具的过程中得到妥善保护。

5 考虑成本与性价比

AI工具可能涉及一次性购买费用、订阅费、按使用量计费等多种付费模式。计算长期使用成本，结合工具性能、服务质量等因素，判断其性价比是否符合预期。部分工具提供免费试用期，利用这段时间实际测试工具效果，有助于做出更为明智的选择。

通过上述策略，你可以更加精准地选择符合自己需求的AI短视频制作工具，从而提升创作效率和视频质量。同时，随着技术的不断进步，保持学习和适应新技术也非常重要。

1.4 有效提问结构

有效提问指的是向人工智能系统（如聊天机器人、虚拟助手或搜索引擎）提出的问题应该使AI系统能够理解并反馈有用的、准确的回答。

有效提问不仅关乎问题的清晰度和具体性，还涉及问题的逻辑性和上下文相关性。以下是我们总结出的一种有效的提问结构：确定核心问题+提供上下文信息或添加限定条件+使用恰当词汇+设定逻辑关系。

1 确定核心问题

明确你要获取的信息或要解决的问题的核心点。例如，如果你想了解某个历史事件,应直接提出"告诉我关于××事件的详情"。

❷ 提供上下文信息或添加限定条件

提供必要的上下文信息或添加限定条件,帮助AI缩小搜索范围,以提供更精确的答案。例如,"请提供××事件发生的时间、地点、主要参与者及其影响"。

❸ 使用恰当词汇

尽量使用专业、准确的术语,避免使用模糊、有歧义的语言或复杂的词汇和句子结构,以免给AI工具带来理解上的困难。尽量使用简单、直接的语言来表述问题。如需让AI生成某类图像,则详细描述所需的风格、元素、色彩搭配等。

❹ 设定逻辑关系

当问题涉及多个相关部分时,使用逻辑连接词(如"并且""或""但是"等)表明各部分之间的关系。例如,"我想知道××产品的优点和缺点,以及它与竞品的区别"。

以下是一个清晰、具体、结构性强的提问示例:

"我在制作一个关于环保主题的短视频,需要生成一段与环保相关的文案。请问你的文案生成工具能否根据'保护地球,从我做起'这个主题,生成一段具有感染力和号召力的文案?同时,我希望文案长度控制在50字以内,并且能够突出环保的重要性和紧迫性。"

这个提问明确指出了问题的焦点(生成环保主题的文案)、具体的要求(文案主题、长度、风格等)及期望的答案类型(一段具有感染力和号召力的文案)。这样的提问方式有助于AI工具更准确地理解你的意图并给出满意的答案。

1.5 使用AI生成文案的注意事项

使用AI生成文案时,需要注意以下几个方面,以确保文案的质量、合法性和原创性:

① 原创性与侵权问题

- 确保AI生成的文案具有原创性,避免与现有内容重复或过于相似,从而引发侵权问题。
- 在使用AI工具时,选择那些能够生成独特、个性化文案的模型,避免直接使用已有的模板或大量复制粘贴其他来源的内容。
- 在发布前进行原创性检查,确保文案不与任何现有内容存在版权纠纷。

② 语义与逻辑连贯性

- AI生成的文案可能会存在语义不明、逻辑混乱的问题,因此需要对生成的文案进行仔细审查,确保其语义清晰、逻辑连贯。
- 检查文案中的句子结构、段落衔接及整体逻辑是否流畅合理,避免出现前后矛盾或无法理解的句子。

③ 检查语法与拼写

尽管AI工具在语法和拼写方面已经取得显著进步,但仍有可能出现错误。因此,在发布前需要对文案进行逐句核对和修正,确保语法正确、拼写无误。

可以使用专业的语法检查工具或人工校对,提高文案的准确性和专业性。

④ 内容与主题相关性

- 确保AI生成的文案与所需的主题或关键词相关,能够准确传达目标信息。

- 在使用AI工具时,输入明确的关键词或主题,以便模型生成与之相关的文案。
- 对生成的文案进行主题相关性检查,确保其符合预期的宣传或营销目标。

在使用AI工具生成文案时,可提供几个与主题相关的关键词,引导AI围绕这些关键词展开联想,生成新颖独特的文案。由于AI生成结果具有随机性,对于同一问题,可多次提问并比较不同回答,选取最符合需求的一条。

5 遵守版权法与法律法规

- 在使用AI生成文案时,需要遵守版权法和相关法律法规,不得侵犯他人的知识产权。
- 如果文案中涉及引用或整合其他来源的内容,需要确保这些内容的使用是合法的,并在必要时注明引用来源。
- 避免使用涉及敏感话题或违法违规的词汇和表述方式,确保文案符合法律法规和道德规范。

6 人工审查与修改

尽管AI工具可以大幅提高文案的生成效率,但由于其语言处理能力的限制,生成的文案可能会存在一些问题或不足。因此,在发布前需要进行人工审查和修改,对生成的文案进行逐句核对和修正,确保文案质量和准确性。

人工审查还可以发现AI工具可能忽略的潜在问题,如文化差异、语境理解等,从而进一步提高文案的质量和效果。因此,可以将AI生成的文案作为初稿,根据实际需求进行修改、调整,使其更符合个人风格或项目要求。也可以将多段AI生成的内容巧妙整合,形成连贯完整的文本。

7 持续学习与优化

AI技术不断进步和发展,新的模型和算法不断涌现。因此,需要持续关注AI技术的最新进展和应用场景,不断优化和调整自己的使用方法和策略。

通过不断尝试新的AI工具和模型,探索更符合自己需求的解决方案,并不断改进和优化自己的文案生成过程。

同时,也可以与其他用户交流分享使用心得和技巧,共同推动AI技术在文案生成领域的应用和发展。

第 2 章　AI 生成短视频文案

文案的力量不容小觑，它不仅是视频内容的点睛之笔，更是吸引观众、传递信息的关键。而 AI 的加入，为文案创作带来了重大的变革。

本章将深入探讨如何使用 DeepSeek 这一热门 AI 工具生成短视频文案，创造出既符合短视频特性又能够激发观众情感的文案。AI 在短视频文案创作中的应用，正在重新定义内容与观众之间的互动方式。

如果你对短视频文案的创作感到好奇，或者想要了解 AI 如何在这一领域大显身手，那么请跟随本章内容，一步步揭开 AI 短视频文案创作的神秘面纱，包括 AI 创作短视频文案的优势、过程，以及 AI 生成短视频文案的技巧与实战应用。让我们开始这段探索之旅，发现 AI 如何让文案更具吸引力、更富创意，以及如何帮助短视频内容创作者提升工作效率和作品质量。

2.1 AI短视频文案创作概述

在当前的数字化时代，AI技术已深度渗透至各行各业，其中短视频行业作为互联网传播的新业态，其内容创作环节也正经历着由AI赋能的革新。特别是在短视频文案创作方面，AI技术以其强大的数据处理、学习与生成能力，为提升文案质量与效率，以及个性化定制等方面提供了前所未有的可能性。

2.1.1 短视频文案的重要性

短视频文案是短视频内容的重要组成部分，它不仅承担着传达视频核心信息、引导观众情绪、激发互动行为等任务，更是影响短视频传播效果、提升用户黏性、塑造品牌形象的关键因素。一篇精练有力、引人入胜的文案，能够瞬间吸引观众注意力，有效提升短视频的观看完成率、分享率及转化率。因此，短视频文案在短视频制作和传播中扮演着至关重要的角色，我们将短视频文案的重要性归纳为以下几个点：

1 吸引观众注意力

短视频平台上的视频内容繁多且竞争激烈，一篇吸引人的文案能够迅速抓住观众的眼球，使他们愿意点击观看你的视频。文案的吸引力通常来自独特的表述方式、引人入胜的标题或令人好奇的悬念设置。

2 传达核心信息

短视频的时长有限，因此需要在有限的时间内传达出核心信息。文案可以简洁明了地概括视频的主题、内容或目的，帮助观众快速获取视频的主要信息。这有助于观众对视频产生兴趣，并进一步传播或分享视频。

3 增强情感共鸣

一篇好的文案能够触动观众的情感，引发他们的共鸣。通过讲述一个感人的故事、描述一个温馨的场景或表达一种共同的情感体验，能够拉近与观众的距离,让他们更容易产生情感上的共鸣。

4 引导观众行为

文案不仅可以吸引观众观看视频,还可以引导他们进行下一步的行为。例如,文案中可以包含引导观众进行点赞、评论、分享或关注等行为的元素,这些元素能够激发观众的互动欲望,提高视频的互动率。同时,文案还可以引导观众进行购买、下载或访问网站等商业行为,为品牌或产品带来实际的商业价值。

5 塑造品牌形象

短视频文案是品牌形象塑造的重要组成部分。通过文案的语言风格、表述方式和用词等元素,可以传达出品牌的价值观、个性和特点。这有助于观众对品牌形成深刻的印象和认知,提高品牌的知名度和美誉度。

6 提高搜索排名

在短视频平台上,搜索排名是影响视频曝光量的重要因素之一。文案中的关键词和标签对于提高视频的搜索排名至关重要。通过在文案中合理使用关键词和标签,可以让视频更容易被搜索引擎检索到,从而提高视频的曝光量和观看量。

综上所述,短视频文案在短视频制作和传播中扮演着至关重要的角色。一篇优秀的文案能够吸引观众注意力、传达核心信息、增强情感共鸣、引导观众行为、塑造品牌形象、提高搜索排名。因此,在制作短视频时,应该充分重视文案的创作和运用。

2.1.2 ▶ 短视频文案的特点

短视频文案的特点有助于提升短视频的吸引力、传播效果和商业价值,简要介绍如下:

1 简洁明了

短视频的时长通常较短,因此文案需要尽可能简洁明了,快速传达主要信息。有效的短视频文案能够用简短的语言概括视频的核心内容,避免冗长和复杂的句子结构，使观众在短时间内理解视频的主题和意图。

❷ 引人入胜

为了吸引观众的注意力，短视频文案需要具有吸引力。文案的标题或开头部分通常要具有足够的吸引力，能够激发观众的好奇心或兴趣，使他们愿意继续观看视频。这可能需要运用一些幽默或悬念等创作手法来吸引观众的眼球。

❸ 引发情感共鸣

短视频文案往往追求引发观众的情感共鸣。通过讲述一个感人的故事、描述一个温馨的场景或表达一种共同的情感体验，文案能够触动观众的情感，使他们更容易产生共鸣。这种情感共鸣能够增强观众对视频的认同感和记忆度。

❹ 明确引导词

与长视频或传统广告相比，短视频文案能够更直接地引导观众采取行动。文案中可能包含明确的引导词，如"点赞""关注""分享"等，从而使观众进行互动或参与。这些引导词有助于提升视频的互动率和传播效果。

❺ 适应性强

短视频文案需要适应不同的平台和观众群体。不同的短视频平台有不同的特点和用户群体，因此文案需要根据平台的特点和观众的需求进行调整。同时，文案还需要考虑不同文化、地域和年龄段的观众差异，以确保其传播效果。

❻ 创新性强

在短视频内容泛滥的当下，创新性是短视频文案脱颖而出的关键。通过运用新颖的词汇、独特的句式或有创意的表达方式，文案能够吸引观众的眼球并给观众留下深刻印象。这种创新性不仅能够提升视频的点击率和观看量，还能够增强观众对品牌的认知和记忆。

7 结合视觉元素

短视频文案通常需要与视觉元素相结合,共同传达信息。文案中的文字需要与视频画面、配乐等元素相协调,形成统一的视觉体验。这种结合能够增强视频的观赏性和吸引力,使观众更容易被视频内容所吸引。

2.1.3 ▶ AI在短视频文案创作中的应用

AI在短视频文案创作中的应用正在逐渐改变内容创作的面貌,以下是几个主要的应用类型:

1 自动文案创作

借助AI的力量,用户只需输入基本的创作线索,如主题、关键词、风格倾向等,AI就能迅速生成一段完整的短视频文案。AI就像一位拥有海量知识库和灵活思维的智能助手,能根据给定的信息自动生成引人入胜的文字内容,无论是开篇的吸睛金句,还是结尾的有力号召,都能妥帖安排。

2 情感智能与个性化定制

AI能够"读懂"观众的情感需求,通过分析用户的浏览历史、点赞行为、评论内容等数据,判断他们的喜好和情绪状态,从而为短视频文案注入恰到好处的情感色彩,让内容更具情感号召。同时,AI还能根据每个用户的独特兴趣标签,生成个性化的文案,确保信息精准触达目标群体。

3 热点追踪与趋势预测

AI犹如一台实时新闻雷达,不断扫描网络上的热门话题、社会事件、流行语等,帮助创作者迅速抓住热度,将最新鲜、最吸引人的元素融入文案之中。不仅如此,AI还能基于大数据分析,预测未来可能出现的热门话题,助力创作者提前布局,抢占先机。

4 内容优化

AI可对已有的短视频文案进行智能分析,识别并修正语法错误、拼写失误，同时运用情感分析技术调整文案的情感色彩，确保其与视频主题及目标受众的情感需求相契合。此外，AI还能通过关键词提取、热点追踪等功能，帮助创作者优化文案中的话题标签和关键词，提升短视频的搜索引擎优化（SEO）效果，进而增加其在平台上的曝光度。

2.1.4 ▶ AI生成短视频文案的优势

AI生成短视频文案的优势在于其独特的能力，这些能力使得文案创作过程更加高效、精准和富有创新性。以下是AI生成短视频文案的几个主要优势：

① 高效性

AI可以快速分析大量的数据和信息，包括市场趋势、用户偏好、热门话题等，从而迅速生成符合要求的短视频文案。这大大缩短了传统文案创作的时间周期，提高了内容产出的效率。

② 精准性

AI通过深度学习和自然语言处理技术，可以精确捕捉目标受众的需求和兴趣点，生成与受众心理预期高度契合的文案。这种精准性有助于提升视频的点击率、观看时长和转化率，实现更好的营销效果。

③ 创新性

AI不受传统思维模式的限制，可以通过学习大量的优秀文案和创意元素，生成具有创新性和独特性的短视频文案。这种创新性有助于吸引观众的注意力，提升视频的曝光率和分享率。

④ 个性化定制

AI可以根据不同用户的喜好、行为和需求，生成个性化的短视频文案。这种个性化定制能够满足不同用户的需求，提高用户的参与度和满意度，有助于建立更加紧密的用户关系。

5 持续优化

AI可以实时监控和分析短视频文案的效果,根据用户反馈和数据指标,自动调整和优化文案内容。这种持续优化能力使文案更加符合市场变化和用户需求,提高了文案的适应性和竞争力。

6 多语言支持

AI可以轻松处理不同语言的短视频文案,为跨国企业和全球化品牌提供多语言支持。这有助于企业拓展国际市场,提升品牌在全球范围内的知名度和影响力。

7 降低创作成本

相比人工创作,AI生成短视频文案的成本更低。企业可以节省大量的人力成本和时间成本,同时保证文案的质量和效果。这有助于企业提高运营效率,降低营销成本。

> **温馨提示**
>
> 尽管AI文案日益精细,但仍难以完全复制人类在情感表达、文化理解、语境感知等方面的微妙之处,完全依赖AI可能导致某些文案缺乏深度共鸣或显得过于机械。

2.2 使用AI生成短视频文案的基本流程

使用AI生成短视频文案的流程通常包括以下几个步骤:
(1)明确短视频文案的主题与目标需求;
(2)根据目标需求选择合适的AI文案创作工具;
(3)使用选定的AI工具进行短视频文案创作。
(4)对生成的文案进行调整与优化。

2.2.1 明确短视频文案主题与目标需求

具体操作与要点如下。

❶ 定义核心主题

在创作短视频文案之初，首要任务是定义清晰的核心主题，这决定了内容的方向和吸引力。主题类型多样，可以是寓教于乐的娱乐科普，旨在传播知识的价值；或是产品种草，通过展示产品的独特魅力激发购买欲；抑或是情感共鸣，用故事触动人心，建立情感连接；再者，紧跟时事热点，快速响应社会话题……以"夏日防晒霜评测"为例，核心主题须聚焦于"成分对比"以展现产品专业性，再现"使用场景"来模拟消费者日常，以及用"性价比"分析满足大众对价值的追求。这些关键词的锁定，确保了文案内容紧扣主题，精准满足观众的信息需求。

❷ 分析目标受众

在分析目标受众时，需细致描绘其画像维度，包括目标受众的年龄层差异，例如"Z世代"（1995年至2009年出生的一代人）往往偏爱快节奏内容，而中年人则更关注实用性；同时，还需考虑不同平台的特性，比如抖音用户重视"黄金3秒"的开头吸引力，而B站用户则倾向于深度解析的内容；此外，精准捕捉用户痛点也至关重要，比如针对防晒霜产品，用户普遍关心的"油腻感"和"假白问题"等。这些分析将有助于精准定位内容，有效提升短视频的吸引力和转化率。

❸ 设定转化目标

在策划短视频文案之前，首先要明确设定转化目标，这直接关系到文案的内容和策略。转化目标可能聚焦于引流关注，此时文案中需巧妙埋设"关注抽奖"等互动钩子，以激发观众的参与热情和关注意愿；或是侧重于商品转化，文案则需着重突出促销信息，如"限时折扣"，以强烈的购买诱因促使观众采取行动；再者，若目标是提升互动，文案则可通过设计提问式结尾，诸如"你用过哪款？"等话题，引发观众留言和讨论，从而增强内容的互动性和传播力。明确转化目标，是制定高效文案策略的关键前提。

2.2.2 ▶ 选择AI文案创作工具——DeepSeek

本书将推荐使用DeepSeek作为短视频文案的创作工具，理由是其相较于通用AI工具（如ChatGPT、文心一言），展现出显著对比优势。DeepSeek内置了针对短视频优化的文案模板库，支持"口播脚本""分镜描述"等多种格式，无须人工调整即可直接使用，大大提高了效率。此外，它还支持多模态内容生成，不仅能创作文案，还能同步推荐配乐风格，如"节奏感强的电子音乐"，使内容创作更加立体丰富。在本土化适配方面，DeepSeek能自动插入抖音等平台的热门话题标签，如#防晒黑科技，而通用工具则常需手动添加且可能生成不相关标签。最重要的是，DeepSeek擅长处理长文本，能一次性生成包含开场、过渡、结尾的完整脚本，避免了通用工具在内容生成中可能出现的断层现象，减少了多次追问的麻烦。这些优势使得DeepSeek成为短视频内容创作者的理想选择。

DeepSeek有以下几个方面的优点：

❶ 高效训练与推理

使用FP8混合精度技术加速训练过程，提高训练效率。通过仅关注最相关的token来减少注意力计算的数量，从而降低计算开销，提高模型的泛化能力和鲁棒性。

❷ 多模态与长上下文处理

（1）多模态交互。支持文本、代码、数学推理等多种模态的交互，能够处理复杂的多模态任务。

（2）长上下文窗口。上下文窗口扩展至128k tokens以上，能够有效处理长文档分析、代码生成等复杂任务。

3 中英双语优化

针对中文语法和语义进行了深度优化,能够更好地理解中文用户的需求。英文能力对标国际顶尖模型,在权威评测中表现优异。

4 深度思索功能

DeepSeek的R1深度思索功能是高性能AI推理模型,专注于提升模型在复杂任务场景下的推理能力,在推理方面实现了颠覆式革命。DeepSeek-R1采用了长链推理技术,其思维链长度可达数万字,使模型能逐步分解复杂问题,通过多步骤的逻辑推理来解决问题,在解决复杂任务中展现出更高的效率,思考过程模拟人类大脑的思考模式,完全拟人化的思考方式生成的内容更能满足真实的场景需求,在全球模型中都处于绝对领先地位。

5 免费开源

DeepSeek发布了多个开源模型,如DeepSeek-R1和DeepSeek-V3,推动了学术研究和工业应用的发展;推出了DeepSeek-LLM推理加速框架,优化显存占用与吞吐量,简化企业级应用开发流程,它真正让大模型可以商业化落地,这是具有跨时代意义的突破创新!

6 高性能低成本

DeepSeek的高性能低成本的优势较其他国内外大模型表现尤其明显,在生成质量方面,DeepSeek-V3在多项评测中超越了Qwen2.5-72B和Llama-3.1-405B等开源模型,并与全球顶尖闭源模型如GPT-4o和Claude-3.5-Sonnet处于同一水平。例如,DeepSeek-V3在知识类任务(如MMLU、MMLU-Pro、GPQA、SimpleQA)上的表现较前代模型DeepSeek-V2.5有显著提升,接近当前最优模型Claude-3.5-Sonnet-1022。而在算法类代码任务(如Codeforces)中,DeepSeek-V3远超市面上所有非o1类模型,并在工程类代码任务(如SWE-BenchVerified)上接近Claude-3.5-Sonnet-1022的水平。

第 2 章 AI 生成短视频文案

2.2.3 ▶ 使用 DeepSeek 生成短视频文案

要使用 DeepSeek 工具就必须先进行注册，DeepSeek 的注册与操作步骤如下：

（1）登录 DeepSeek 主页。打开网页浏览器，搜索 DeepSeek 官网，找到官网打开（网址：https://www.deepseek.com/），即可登录 DeepSeek 的首页，如图 2-1 所示。

图 2-1　DeepSeek 首页

（2）进入 DeepSeek 官网主页之后，单击"开始对话"选项。新用户首次使用需要注册，支持手机号、微信、邮箱注册，验证身份后即可登录，如图 2-2 所示。

（3）注册后即可进入 DeepSeek 对话页面，这时就可以进行提问和使用了，如图 2-3 所示。

（4）在对话窗口输入包含关键词的提问"帮我生成一篇旅游 Vlog 文案，内容包括夏日海滩、旅行体验、美景分享"。其中，"夏日海滩、旅行体验、美景分享"就是提问中的关键词。输入完成后单击对话框右侧的生成按钮

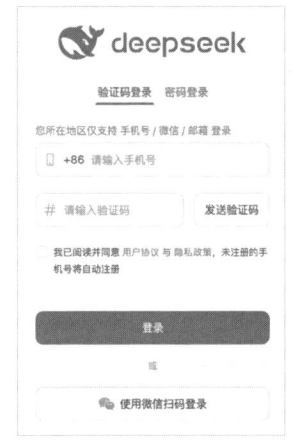

图 2-2　DeepSeek 注册页面

，生成的回复如

027

图2-4所示。

图2-3　DeepSeek使用界面

图2-4　DeepSeek生成旅行Vlog文案

DeepSeek有以下4种生成模式，用户应根据自身的实际需求，仔细选择最适合当前创作任务的模式。

- 基础模式（V3）：快速响应，适合简单问答和文案生成。当用户需要快速获取一些信息或生成简单的文案时，可以选择基础模式。
- 深度模式（R1）：支持思维链展示，适合复杂推理和数据分析。当用户需要进行更深入的思考和分析时，深度模式可以提供帮助。图2-5所示为DeepSeek在思考模式下向用户展示其思考过程。

图2-5　DeepSeek生成思考过程

- 联网模式：整合最新信息，支持动态事件追踪。联网模式适用于需要获取最新信息或追踪动态事件的场景。例如，查询某部电影的最新票房情况或了解某个行业的最新政策动态。
- 混合模式：用户可以根据实际需求，将基础模式、深度模式和联网模式进行组合使用。例如，先使用基础模式生成一个初步的大纲，然后使用深度模式进行深入分析和推理，最后使用联网模式补充最新信息。

2.2.4 ▶ 调整与优化文案

生成的初步文案可能需要人工审核，确保其语言流畅、逻辑清晰、信息准确，符合品牌调性或视频定位。如有必要，可对文案进行适当的修改、补充或精简，使其更加契合您的短视频创作需求。

实战1：使用DeepSeek对生成的旅行Vlog文案进行个性化调整与优化

如果我们对生成的“旅行Vlog文案”内容不满意，或者生成的内容不是我们想要的内容，这时可以对生成的文案进行调整与优化，使其达到我们的要求。接着上面的实战，你可以继续在DeepSeek对话框中输入你的指令，格式为【要求】+【内容和风格】+【动作】+【目标】。

打开DeepSeek页面，在对话框中输入“请帮我拟定一个吸引人的标题、描述海滩活动和美景、分享旅行中的独特经历与感受。创作一篇流畅、连贯、个性化且充满感染力的旅游Vlog文案，以吸引观众并分享旅行的美好时光。”DeepSeek生成的回复如图2-6所示。

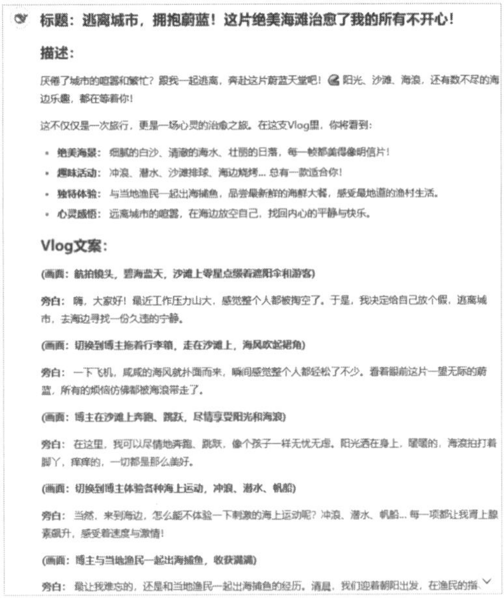
标题：逃离城市，拥抱蔚蓝！这片绝美海滩治愈了我的所有不开心！

描述：

厌倦了城市的喧嚣和繁忙？跟我一起逃离，奔赴这片蔚蓝天堂吧！阳光、沙滩、海浪，还有数不尽的海边乐趣，都在等着你！

这不仅仅是一次旅行，更是一场心灵的治愈之旅。在这支Vlog里，你将看到：

- 绝美海景：细腻的白沙、清澈的海水、壮丽的日落，每一帧都美得像明信片！
- 趣味活动：冲浪、潜水、沙滩排球、海边烧烤...总有一款适合你！
- 独特体验：与当地渔民一起出海捕鱼，品尝最新鲜的海鲜大餐，感受最地道的渔村生活。
- 心灵感悟：远离城市的喧嚣，在海边放空自己，找回内心的平静与快乐。

Vlog文案：

(画面：航拍镜头，碧海蓝天，沙滩上零星点缀着遮阳伞和游客)

旁白：嗨，大家好！最近工作压力山大，感觉整个人都被掏空了。于是，我决定给自己放个假，逃离城市，去海边寻找一份久违的宁静。

(画面：切换到博主拖着行李箱，走在沙滩上，海风吹起裙角)

旁白：一下飞机，咸咸的海风就扑面而来，瞬间感觉整个人都轻松了不少。看着眼前这片一望无际的蔚蓝，所有的烦恼仿佛都被海浪带走了。

(画面：博主在沙滩上奔跑、跳跃，尽情享受阳光和海浪)

旁白：在这里，我可以尽情地奔跑、跳跃，像个孩子一样无忧无虑。阳光洒在身上，暖暖的，海浪拍打着脚丫，痒痒的，一切都是那么美好。

(画面：切换到博主体验各种海上运动，冲浪、潜水、帆船)

旁白：当然，来到海边，怎么能不体验一下刺激的海上运动呢？冲浪、潜水、帆船...每一项都让我肾上腺素飙升，感受着速度与激情！

(画面：博主与当地渔民一起出海捕鱼，收获满满)

旁白：最让我难忘的，还是和当地渔民一起出海捕鱼的经历。清晨，我们迎着朝阳出发，在渔民的指

图2-6　DeepSeek调整与优化后的旅行vlog文案

实战2：使用DeepSeek的“深度思考”与“联网搜索”功能来优化文案

如果对文案不满意，可以使用DeepSeek的“深度思考”与“联网搜索”功能来优化文案。深度思考功能利用强大的专业术语理解和行业知识整合能力，确保文案逻辑严谨、内容丰富，满足深度需求。同时，联网搜索功能实时访问互联网，弥补知识时效性不足，使文案紧跟时代潮流，信息准确无误。两项功能的结合，不仅提高了文案生成的效率，还确保了文案的质量与实用性，为文案工作者提供了强有力的支持。

打开DeepSeek页面，在对话框中输入"请帮我拟定一个吸引人的标题、描述海滩活动和美景、分享旅行中的独特经历与感受。创作一篇流畅、连贯、个性化且充满感染力的旅游Vlog文案，以吸引观众并分享旅行的美好时光。"并选择"深度思考（R1）"和"联网搜索"，单击" ↑ "按钮，如图2-7所示。

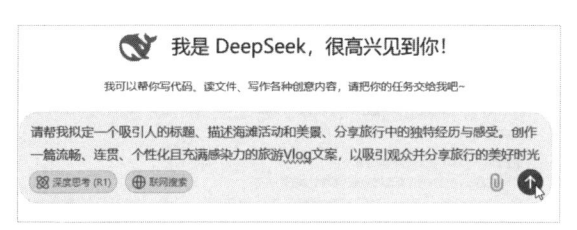

图2-7　选择"深度思考（R1）"和"联网搜索"

系统先回复具体的思考思绪，如图2-8所示。

图2-8　DeepSeek回复的思考思绪

紧接着提供具体回复，如图2-9所示。

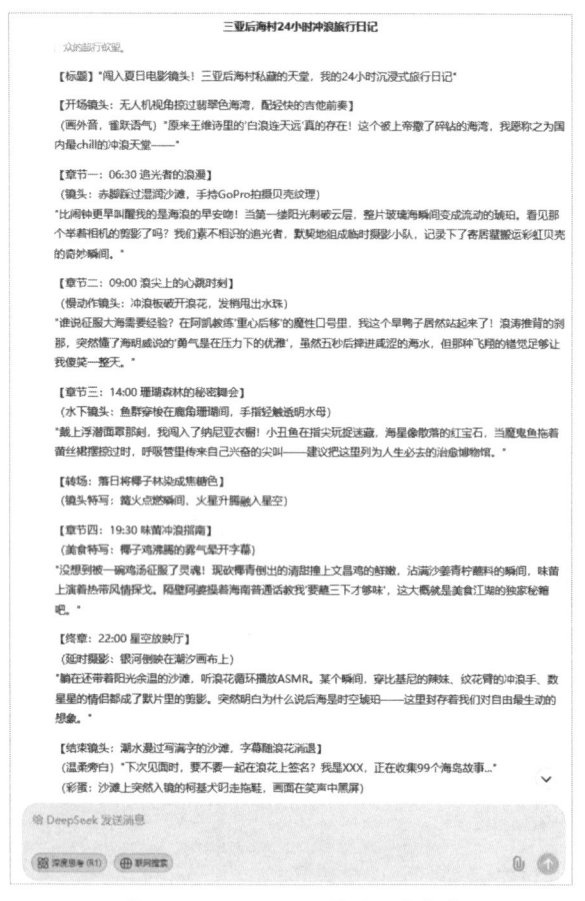

图 2-9　DeepSeek 回复的具体文案

2.3　AI生成短视频文案的实战演练

在了解了AI技术在短视频文案创作中的巨大潜力后，我们将进入实战演练环节。接下来通过具体案例，探索如何利用AI技术生成既吸引人又富有创意的短视频文案。

2.3.1 ▶ AI助力短视频脚本文案策划与创作

AI在短视频脚本文案策划与创作中发挥着越来越重要的作用，其智能化、高效化的特点为内容创作者提供了强有力的支持。以下是利用AI助力短视频脚本文案策划与创作的几个方面：

❶ 内容生成与创意激发

AI技术可以分析大量的视频内容和观众喜好，为创作者提供有针对性的内容建议。通过自然语言处理和机器学习算法，AI能够生成初步的文案框架或创意点子，帮助创作者快速找到灵感，并确定视频的主题和风格。

❷ 关键词提取与优化

在短视频中，关键词的使用至关重要。AI可以帮助创作者从海量数据中提取出与视频主题相关的关键词，并基于搜索引擎优化原理对文案进行优化。这有助于提高视频在平台上的曝光率和搜索排名，吸引更多潜在观众。

❸ 情感分析与观众互动

AI技术能够分析观众对视频的反馈和评论，识别出观众的情感倾向和关注点。这有助于创作者了解观众的需求和喜好，从而调整文案策略，增强与观众的互动和共鸣。例如，AI可以识别出观众对某个话题的热烈讨论，并据此调整文案内容，引导观众参与讨论。

❹ 文案风格与语言优化

AI技术可以分析不同领域的文案风格和语言特点，为创作者提供多样化的文案选择。通过机器学习算法，AI可以模拟出各种风格的文案，如幽默、正式、亲切等，以满足不同观众的需求。同时，AI还可以对文案进行语法和拼写检查，确保文案的准确性和流畅性。

❺ 自动化流程与效率提升

AI技术可以协助创作者完成一些烦琐的文案工作，如文案模板的自动生成、关键词的批量替换等。这有助于简化创作流程，提高创作效率。同时，AI还可以对视频和文案进行初步的质量评估，为创作者提供优化建议，进一步提高视频的质量和吸引力。

6 个性化推荐与定制服务

基于AI的个性化推荐系统可以根据观众的喜好和行为习惯，为他们推荐符合其兴趣的视频内容。这为创作者提供了更多的创作方向，同时也为观众提供了更加个性化的观看体验。此外，AI还可以为创作者提供定制化的文案服务，如根据品牌调性定制文案、根据目标受众定制内容等。

通过智能化、高效化的技术手段，AI为创作者提供了更加便捷、精准的文案支持，帮助他们创作出更加优质、吸引人的短视频内容。

实战1：使用DeepSeek挖掘短视频热点选题

热点选题的优势在于其能够迅速捕捉并利用当前流行的话题或趋势，以此吸引观众的注意力和兴趣。热点选题往往与广泛的社会文化现象、重大事件或流行文化相关联，因此具有较高的关注度和传播潜力。通过精心策划与热点相关的视频内容，创作者可以提高视频的观看次数、分享率和用户互动量，从而提升视频在平台上的排名和曝光率。此外，热点选题还能够帮助品牌或个人快速建立与观众的情感连接，增强记忆点，提高品牌认知度。因此，热点选题对于扩大受众基础、增强内容影响力和实现营销目标具有至关重要的作用。

使用DeepSeek来挖掘短视频热点选题是一个智能且高效的方法。DeepSeek能够理解文本内容，提供语义分析和生成建议。以下是利用DeepSeek来挖掘短视频热点选题的步骤。

步骤1 确定目标受众和领域。

首先，需要明确短视频内容的目标受众及希望涉及的领域。这有助于更准确地定位热点选题，确保内容能够吸引目标受众并满足其需求。

步骤2 收集相关数据和信息。

- 社交媒体趋势：关注各大社交媒体平台上的热门话题、标签和讨论，了解当前流行的趋势和话题。

- 行业报告和新闻：阅读与目标领域相关的行业报告、新闻和文章，了解行业内的最新动态和热点事件。
- 用户反馈：收集和分析观众或用户的反馈，了解他们对什么内容感兴趣，以及他们希望看到什么样的短视频。

步骤3 使用DeepSeek进行语义分析。

- 输入关键词：将你从社交媒体、行业报告和用户反馈中收集到的关键词输入DeepSeek中。这些关键词应该与你希望探索的热点选题相关。
- 分析语义关系：DeepSeek将对这些关键词进行语义分析，识别它们之间的关联。通过分析这些关系，可以发现潜在的热点选题和话题。
- 生成建议：基于语义分析结果，DeepSeek可以生成与热点选题相关的建议或提示。这些建议可能包括新的内容方向、创意或延伸话题等。

步骤4 筛选和确定热点选题。

根据DeepSeek的语义分析结果和建议，你可以筛选出几个潜在的热点选题。然后，进一步评估这些选题的可行性、吸引力和相关性。你可以考虑以下因素：

- 受众需求：确保选题能够满足目标受众的需求和兴趣。
- 内容创新性：选题应具有一定的创新性和独特性，以吸引观众的注意力。
- 实时性：选题应具有一定的时效性，能够抓住当前的热点和趋势。

步骤5 创作和优化短视频内容。

在确定了热点选题后，就可以开始创作和优化你的短视频内容了。你可以借鉴DeepSeek提供的建议和提示，结合自己的创意和想法，创作出有趣、有料、有深度的短视频内容。同时，你还可以根据观众的反馈和数据分析结果，不断优化自己的内容，提高观众的满意度和参与度。

【案例1】以母婴行业为例,你可以在DeepSeek对话框中输入以下内容:

步骤 1 打开DeepSeek对话窗口,在输入框中输入关键词"请帮我推荐10个当前母婴领域的热门短视频话题",单击对话框右侧的 ↑ 按钮,生成的回复如图2-10所示。

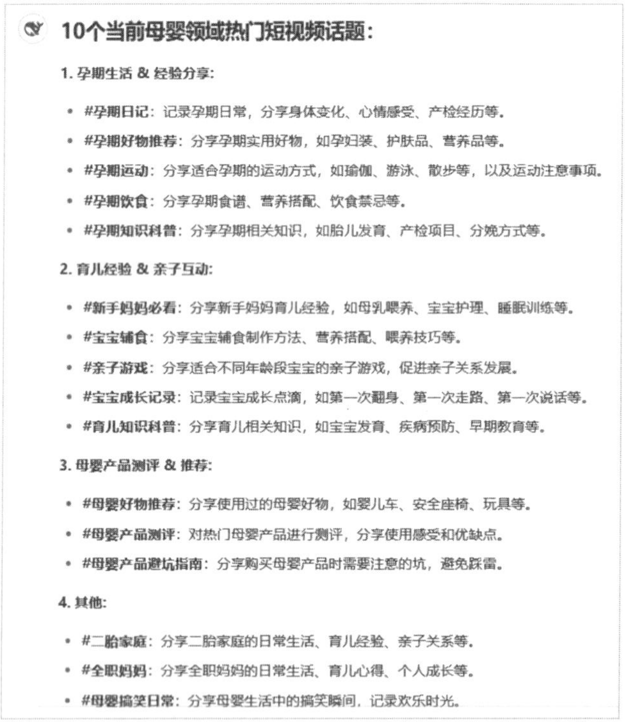

> **10个当前母婴领域热门短视频话题:**
>
> 1. 孕期生活 & 经验分享:
> - #孕期日记:记录孕期日常,分享身体变化、心情感受、产检经历等。
> - #孕期好物推荐:分享孕期实用好物,如孕妇装、护肤品、营养品等。
> - #孕期运动:分享适合孕期的运动方式,如瑜伽、游泳、散步等,以及运动注意事项。
> - #孕期饮食:分享孕期食谱、营养搭配、饮食禁忌等。
> - #孕期知识科普:分享孕期相关知识,如胎儿发育、产检项目、分娩方式等。
>
> 2. 育儿经验 & 亲子互动:
> - #新手妈妈必看:分享新手妈妈育儿经验,如母乳喂养、宝宝护理、睡眠训练等。
> - #宝宝辅食:分享宝宝辅食制作方法、营养搭配、喂养技巧等。
> - #亲子游戏:分享适合不同年龄段宝宝的亲子游戏,促进亲子关系发展。
> - #宝宝成长记录:记录宝宝成长点滴,如第一次翻身、第一次走路、第一次说话等。
> - #育儿知识科普:分享育儿相关知识,如宝宝发育、疾病预防、早期教育等。
>
> 3. 母婴产品测评 & 推荐:
> - #母婴好物推荐:分享使用过的母婴好物,如婴儿车、安全座椅、玩具等。
> - #母婴产品测评:对热门母婴产品进行测评,分享使用感受和优缺点。
> - #母婴产品避坑指南:分享购买母婴产品时需要注意的坑,避免踩雷。
>
> 4. 其他:
> - #二胎家庭:分享二胎家庭的日常生活、育儿经验、亲子关系等。
> - #全职妈妈:分享全职妈妈的日常生活、育儿心得、个人成长等。
> - #母婴搞笑日常:分享母婴生活中的搞笑瞬间,记录欢乐时光。

图2-10 DeepSeek生成的短视频热点选题

可以看到DeepSeek提供了10个母婴领域的热门话题,并对每个话题的主题内容进行了说明。

步骤 2 如果对生成内容不满意,或者觉得内容不够精准,可根据【要求】+【目标人群】+【目标】的指令格式,再重新优化。

在DeepSeek的对话框中输入"请帮我重新列举10个母婴短视频热点,要求内容新颖,与母婴生活密切相关,目标人群为3~6岁孩子的父母,目标是提供有价值的母婴知识和经验分享,激发观众兴趣,并鼓励观众分享自己的母婴故事。"单击对话框右侧的 ❶ 按钮,生成的回复如图 2-11 所示。

> **10个新颖母婴短视频热点,专为3～6岁宝宝父母打造:**
>
> 1. **"神奇幼儿园"**:以第一视角记录宝宝在幼儿园的一天,展示幼儿园的趣味课程、游戏和社交互动,缓解父母对宝宝入园的焦虑,并提供选择幼儿园的参考。
> 2. **"睡前故事新玩法"**:分享创意十足的睡前故事讲述方式,例如利用手影、玩偶、绘本道具等,让睡前时光更温馨有趣,帮助宝宝入睡。
> 3. **"亲子厨房小当家"**:邀请宝宝参与简单的厨房劳动,例如制作水果沙拉、三明治等,培养宝宝动手能力和健康饮食习惯。
> 4. **"宝宝情绪管理小课堂"**:通过情景再现和专家讲解,帮助父母了解3～6岁宝宝的情绪发展特点,并提供实用的情绪管理技巧。
> 5. **"玩具总动员"**:推荐适合3～6岁宝宝的益智玩具,并演示玩具的多种玩法,激发宝宝的想象力和创造力。
> 6. **"亲子旅行日记"**:分享带3～6岁宝宝旅行的经验和攻略,推荐适合亲子游的目的地和活动,鼓励父母带宝宝探索世界。
> 7. **"宝宝语言发展加油站"**:通过游戏、儿歌、故事等形式,帮助宝宝提升语言表达能力,并解答父母关于宝宝语言发展的疑问。
> 8. **"亲子运动时间"**:设计简单有趣的亲子运动游戏,例如室内障碍赛、亲子瑜伽等,促进宝宝身体发育,增进亲子感情。
> 9. **"宝宝社交初体验"**:记录宝宝与同龄人交往的场景,分享引导宝宝进行社交互动的方法,帮助宝宝建立良好的人际关系。
> 10. **"我的育儿故事"**:邀请不同背景的父母分享他们的育儿经验和故事,例如如何处理宝宝叛逆期、如何平衡工作和家庭等,为其他父母提供参考和启发。

图 2-11　DeepSeek 生成的回复

实战2:使用DeepSeek创作短视频标题

短视频标题是视频内容的精练展示,以简洁、生动、吸引人的方式迅速捕获观众眼球,传递视频核心信息,提升点击率。它不仅反映了视频的风格和主题,更是吸引目标受众、提升视频曝光度的重要工具。通过巧妙构思的标题,能够迅速建立起与观众的连接,引发他们的好奇心和兴趣,进而促进视频的广泛传播和互动。好的标题对视频的传播效果具有决定性作用,因此,创作一个引人入胜、简明扼要的标题对于短视频的成功至关重要。

综上所述，短视频标题应该具有简洁明了、吸引力强、针对性强和多样性等特点，同时能够吸引用户点击、传递视频信息、增加曝光度和塑造品牌形象等。因此，在创作短视频时，需要重视标题的撰写和选择，以提高视频的点击率和传播效果。

下面让DeepSeek以"宝宝情感启蒙"为主题，生成10个爆款标题。在DeepSeek对话框中输入："关于'宝宝情感启蒙'这个主题，请帮我创作10个符合主题的爆款标题。"单击对话框右侧的 ↑ 按钮，DeepSeek生成的回复如图2-12所示。

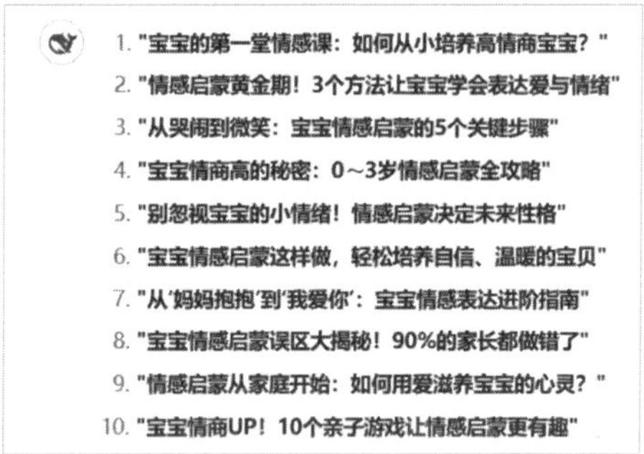

> 1. "宝宝的第一堂情感课：如何从小培养高情商宝宝？"
> 2. "情感启蒙黄金期！3个方法让宝宝学会表达爱与情绪"
> 3. "从哭闹到微笑：宝宝情感启蒙的5个关键步骤"
> 4. "宝宝情商高的秘诀：0～3岁情感启蒙全攻略"
> 5. "别忽视宝宝的小情绪！情感启蒙决定未来性格"
> 6. "宝宝情感启蒙这样做，轻松培养自信、温暖的宝贝"
> 7. "从'妈妈抱抱'到'我爱你'：宝宝情感表达进阶指南"
> 8. "宝宝情感启蒙误区大揭秘！90%的家长都做错了"
> 9. "情感启蒙从家庭开始：如何用爱滋养宝宝的心灵？"
> 10. "宝宝情商UP！10个亲子游戏让情感启蒙更有趣"

图2-12　DeepSeek生成的短视频标题

当然，我们也可以根据文案的内容来拟定爆款标题。

步骤① 准备好有关宝宝情感的短视频文案。

步骤② 在DeepSeek对话框中输入："我将给你一篇短视频文案，请基于我提供的短视频文案内容，生成10个符合自媒体平台特点且具有吸引力的爆款标题。这些标题需要能够准确反映视频内容，同时能够吸引观众的注意力，增加点击率和观看量。请确保标题简洁明了、易于理解，并具备一定的创意和独特性。如果明白，请回复给我文案"，DeepSeek生成的回复，如图2-13所示。

> 请提供短视频文案内容，我将根据文案生成10个符合自媒体平台特点且具有吸引力的爆款标题。

图2-13　DeepSeek生成的回复

步骤③ 在DeepSeek对话框中粘贴准备好的短视频文案内容，单击对话框右侧的 ↑ 按钮，DeepSeek生成的回复如图2-14所示。

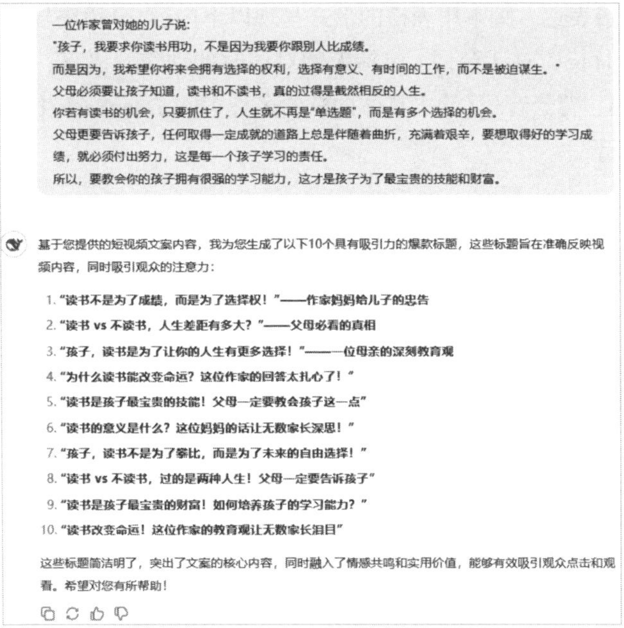

> 一位作家曾对她的儿子说：
> "孩子，我要你读书用功，不是因为我要你跟别人比成绩。
> 而是因为，我希望你将来会拥有选择的权利，选择有意义、有时间的工作，而不是被迫谋生。"
> 父母必须要让孩子知道，读书和不读书，真的过得是截然相反的人生。
> 你若有读书的机会，只要抓住了，人生就不再是"单选题"，而是有多个选择的机会。
> 父母更要告诉孩子，任何取得一定成就的道路上总是伴随着曲折，充满着艰辛，要想取得好的学习成绩，就必须付出努力，这是每一个孩子学习的责任。
> 所以，要教会你的孩子拥有很强的学习能力，这才是孩子为了最宝贵的技能和财富。

> 基于您提供的短视频文案内容，我为您生成了以下10个具有吸引力的爆款标题，这些标题旨在准确反映视频内容，同时吸引观众的注意力：
>
> 1. "读书不是为了成绩，而是为了选择权！"——作家妈妈给儿子的忠告
> 2. "读书 vs 不读书，人生差距有多大？"——父母必看的真相
> 3. "孩子，读书是为了让你的人生有更多选择！"——一位母亲的深刻教育观
> 4. "为什么读书能改变命运？这位作家的回答太扎心了！"
> 5. "读书是孩子最宝贵的技能！父母一定要教会孩子这一点"
> 6. "读书的意义是什么？这位妈妈的话让无数家长深思！"
> 7. "孩子，读书不是为了攀比，而是为了未来的自由选择！"
> 8. "读书 vs 不读书，过的是两种人生！父母一定要告诉孩子"
> 9. "读书是孩子最宝贵的财富！如何培养孩子的学习能力？"
> 10. "读书改变命运！这位作家的教育观让无数家长目目"
>
> 这些标题简洁明了，突出了文案的核心内容，同时融入了情感共鸣和实用价值，能够有效吸引观众点击和观看。希望对您有所帮助！

图 2-14　DeepSeek 生成的回复

实战 3：使用 DeepSeek 创作分镜头脚本文案

短视频分镜头脚本文案是短视频制作过程中用于规划和指导拍摄的重要文案。它详细描述了短视频中每个镜头的具体拍摄内容、画面构图、拍摄角度、时长、音效、配乐、字幕等元素，以及镜头之间的转场方式和节奏把控。它通常包含标题、场景描述、景别、运镜手法、台词、道具、节奏、节拍等。通过分镜头脚本文案，制作团队可以清晰地了解每个镜头的呈现效果，确保整个短视频在内容、节奏和视觉效果上的统一性和协调性。这种文案是短视频制作中不可或缺的一部分，为摄影师、剪辑师、特效师等团队成员提供了明确的指导，使得短视频制作更加规范、高效和精准。

在 DeepSeek 对话框中输入"你是一名专业的旅游博主，正在写一个关于旅游 Vlog 的脚本，旅游地点是厦门，脚本中需包括当下短视频热门元素。脚本开篇 5s 迅速吸引人的眼球，中间有反转，结尾有惊喜，文案

侧重于情绪表达。脚本用表格的形式呈现以下内容:分镜序号、景别、画面描述、时长、对话台词(包括人物对话时的动作、语言、神态等,越详细越好)、背景音乐(给出具体的歌曲名称)",DeepSeek生成的回复如图2-15所示。

> 你是一名专业的旅游博主,正在写一个关于旅游Vlog的脚本,游地点是厦门,脚本中需包括当下短视频热门元素。脚本开篇5s迅速吸引人的眼球,中间有反转,结尾有惊喜,文案侧重于情绪表达。脚本用表格的形式呈现以下内容:分镜序号、景别、画面描述、时长、对话台词(包括人物对话时的动作、语言、神态等,越详细越好、背景音乐给出具体的歌曲名称)

分镜序号	景别	画面描述	时长	对话台词	背景音乐
1	特写	镜头快速推进,聚焦在厦门鼓浪屿的日光岩上,阳光洒在岩石上,闪闪发光。	5s	(无台词,仅画面)	《Sunrise》- Norah Jones
2	中景	博主站在日光岩顶,背对镜头,双手张开,仿佛拥抱整个厦门。	3s	博主(兴奋地):"这就是厦门,美得让人窒息!"	《Sunrise》- Norah Jones
3	全景	镜头切换到厦门大学,芙蓉湖边的学生们在悠闲地散步,湖面倒映着蓝天白云。	4s	博主(画外音,感慨地):"厦大,不仅是学术的殿堂,更是青春的缩影。"	《Faded》- Alan Walker
4	近景	博主在曾厝垵的小巷中穿梭,手里拿着一串糖葫芦,脸上洋溢着幸福的笑容。	5s	博主(开心地):"曾厝垵的小吃,每一口都是童年的味道!"	《Sugar》- Maroon 5
5	中景	博主突然停下脚步,表情由开心转为惊讶,镜头转向她目光所及之处。	3s	博主(惊讶地):"等等,那是——?"	《Surprise》- 林俊杰
6	特写	镜头聚焦在一只小猫身上,它正慵懒地躺在曾厝垵的墙头,阳光洒在它身上。	4s	博主(温柔地):"原来是你,小家伙,你也在这里享受厦门的阳光吗?"	《Surprise》- 林俊杰
7	全景	镜头切换到厦门的夜景,灯火辉煌的鹭江道,博主站在海边,背对镜头,静静地看着远方。	5s	博主(画外音,深情地):"厦门的夜,像一首诗,温柔而深邃。"	《夜空中最亮的星》- 逃跑计划
8	特写	镜头聚焦在博主手中突然亮起的烟花,烟花的光芒照亮了她的脸庞。	4s	博主(惊喜地):"哇!没想到在这里还能看到烟花!"	《Firework》- Katy Perry
9	全景	镜头拉远,烟花在夜空中绽放,博主和周围的人群一起欢呼,画面定格在烟花的最后一瞬。	5s	博主(画外音,激动地):"这就是厦门,每一次来,都有新的惊喜!"	《Firework》- Katy Perry

图2-15 DeepSeek生成的分镜头脚本文案

实战4：使用DeepSeek撰写评论区文案

评论区文案需要简短明了、针对性强、互动性强，并尊重他人。通过精心撰写文案选择适当的表达方式，可以使评论区成为用户交流和互动的重要场所，增强内容的可读性和传播效果。使用DeepSeek撰写评论区文案步骤如下：

步骤① 仔细阅读你打算评论的文章或帖子或视频，理解其主要内容和观点。

步骤② 明确你的评论目标。你是想表达赞同或反对、提问、分享经验还是仅仅想发表一个有趣的观点？

步骤③ 输入关键词或短句，概括你想要表达的核心观点，并选择适合的语气和风格（如幽默、严肃、专业等）。

例如，你正在阅读一篇关于"城市绿化对居民生活质量的影响"的文章，文章分析了城市绿化如何改善空气质量、降低噪声污染，并提高居民的幸福感和健康水平。你可以使用DeepSeek对这篇文章进行评论。

在DeepSeek的对话框中输入"请帮我为《城市绿化对居民生活质量的影响》这篇文章写10条正向评论，每篇评论字数5～20字"，DeepSeek生成的回复如图2-16所示。

> 1. 绿化提升空气质量，居民健康更有保障。
> 2. 城市绿化让生活环境更舒适，心情愉悦。
> 3. 绿化增加城市美感，提升了居民的幸福感。
> 4. 绿色空间促进邻里交流，社区氛围更和谐。
> 5. 绿化降低城市噪音，生活更宁静。
> 6. 绿化缓解热岛效应，夏季更凉爽宜人。
> 7. 绿色环境有助于减压，提升心理健康。
> 8. 绿化增加户外活动空间，促进居民锻炼。
> 9. 城市绿化提升房产价值，居民受益良多。
> 10. 绿化改善生态环境，让城市更宜居。

图2-16 DeepSeek生成的评论区文案

如果想要让评论更精准、更有针对性，还可以对指令做详细说明。比如，可表明你的评论目标，评论目标可能是表达你对文章观点的赞同，并分享一些你所在城市的绿化经验。

在DeepSeek对话框中输入"请帮我为《城市绿化对居民生活质量的影响》这篇文章写10个正向评论,评论方向可以是赞同城市绿化对居民生活质量的影响,或者分享个人所在城市的绿化经验,或者强调绿化带来的实际好处,选择语气和风格为'积极、分享经验'。每篇评论的字数5~50字",DeepSeek生成的回复如图2-17所示。

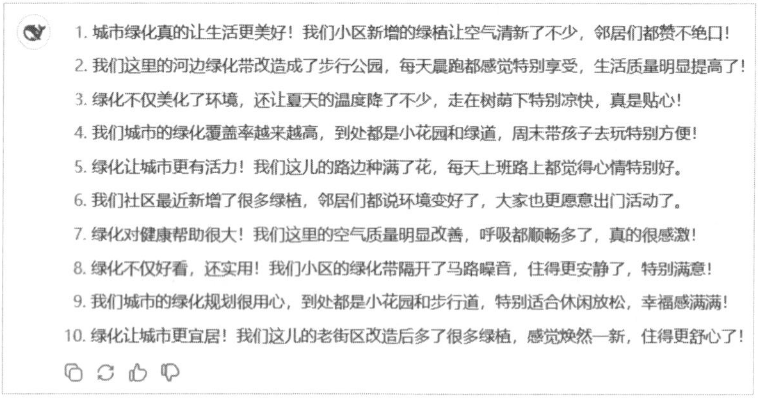

1. 城市绿化真的让生活更美好!我们小区新增的绿植让空气清新了不少,邻居们都赞不绝口!
2. 我们这里的河边绿化带改造成了步行公园,每天晨跑都感觉特别享受,生活质量明显提高了!
3. 绿化不仅美化了环境,还让夏天的温度降了不少,走在树荫下特别凉快,真是贴心!
4. 我们城市的绿化覆盖率越来越高,到处都是小花园和绿道,周末带孩子去玩特别方便!
5. 绿化让城市更有活力!我们这儿的路边种满了花,每天上班路上都觉得心情特别好。
6. 我们社区最近新增了很多绿植,邻居们都说环境变好了,大家也更愿意出门活动了。
7. 绿化对健康帮助很大!我们这里的空气质量明显改善,呼吸都顺畅多了,真的很感激!
8. 绿化不仅好看,还实用!我们小区的绿化带隔开了马路噪音,住得更安静了,特别满意!
9. 我们城市的绿化规划很用心,到处都是小花园和步行道,特别适合休闲放松,幸福感满满!
10. 绿化让城市更宜居!我们这儿的老街区改造后多了很多绿植,感觉焕然一新,住得更舒心了!

图2-17　DeepSeek生成的评论区文案

实战5:使用DeepSeek撰写产品描述文案

要让DeepSeek帮你写一篇关于特定产品的产品描述文案,你需要提供一些关键信息,以确保文案能够准确反映产品的特性和卖点。以下是一些你可能需要提供的信息点:

- 产品名称:产品的正式名称。
- 产品特点:产品的主要功能、特性和优势。
- 目标受众:产品的目标消费者群体,包括他们的需求和偏好。
- 使用场景:产品最适用的情境或环境。
- 设计元素:产品的设计亮点,如外观、颜色、材质等。
- 技术规格:产品的关键技术参数,如尺寸、重量、兼容性等。
- 品牌理念:品牌传达的核心价值观和理念。
- 市场定位:产品在市场中的定位,比如高端、性价比、创新等。

- 竞争优势：产品相比竞争对手的优势。
- 呼吁行动：你希望消费者采取的行动，如购买、试用、咨询等。

基于这些信息点，你可以写一个AI指令，为"华为智能健康手环9"产品生成文案，具体操作步骤如下：

步骤 ① 在DeepSeek对话框中输入"请帮我分析华为智能手环9的商品参数"，点击 ⬆ 按钮，DeepSeek生成的回复如图2-18所示。

> 以下是基于常见智能手环功能的参数分析框架，结合"华为智能手环9"可能具备的特性，为您整理的商品参数分析：
>
> **1. 外观设计**
> - **屏幕尺寸**：通常为1.47英寸或更大，提供更清晰的显示效果。
> - **屏幕类型**：AMOLED高清触摸屏，支持高分辨率和鲜艳色彩。
> - **表带材质**：可能采用硅胶、TPU等亲肤材质，轻便舒适。
> - **重量**：约20-30克，佩戴无负担。
> - **防水等级**：支持5ATM或更高，游泳、淋浴均可使用。
>
> **2. 健康监测**
> - **心率监测**：支持24小时实时心率监测，可能配备高精度传感器。
> - **血氧监测**：支持SpO2血氧饱和度检测，适合关注呼吸健康的人群。
> - **睡眠监测**：支持深睡、浅睡、REM睡眠分析，提供睡眠质量报告。
> - **压力监测**：通过心率变异性分析压力水平，提供放松建议。
> - **女性健康管理**：支持生理周期记录和预测。
>
> **3. 运动功能**
> - **运动模式**：支持100+种运动模式，包括跑步、游泳、骑行等。
> - **GPS定位**：内置或支持连接手机GPS，记录运动轨迹。
> - **运动数据分析**：提供卡路里消耗、步数、距离等数据。
> - **智能教练**：根据运动数据提供个性化建议。
>
> **4. 智能功能**
> - **消息提醒**：支持来电、短信、微信、QQ等应用消息提醒。
> - **NFC支付**：支持华为Pay或支付宝离线支付。

图2-18 DeepSeek生成的商品参数

步骤 ② 获得商品参数信息后，根据商品基础信息，DeepSeek生成产品描述文案。可以在DeepSeek对话框中，输入"根据上边的商品信息，生成5篇产品描述文案"，DeepSeek生成的回复如图2-19所示。

> **文案1：全能健康助手，华为智能手环9**
>
> 华为智能手环9，搭载1.47英寸AMOLED高清大屏，支持100+种运动模式，24小时心率、血氧、睡眠监测，全方位守护您的健康。NFC支付、消息提醒、遥控拍照，智能生活触手可及。超长续航14天，陪伴您每一刻！
>
> ---
>
> **文案2：轻盈时尚，健康随行**
>
> 华为智能手环9，仅重20克，佩戴轻盈无感。高清大屏显示，支持个性化表盘，时尚与科技完美结合。实时监测心率、血氧、压力，助您轻松掌握健康状态。游泳级防水，运动无忧，续航长达14天，让健康陪伴更持久！
>
> ---
>
> **文案3：运动达人必备，华为智能手环9**
>
> 华为智能手环9，支持100+种运动模式，内置GPS精准记录运动轨迹。实时监测心率、卡路里消耗，提供专业运动数据分析。超长续航14天，助您轻松突破运动极限，成就更好的自己！
>
> ---
>
> **文案4：智能生活，从腕间开始**
>
> 华为智能手环9，不仅是健康助手，更是智能生活管家。支持NFC支付、消息提醒、遥控拍照，轻松应对日常需求。高清大屏、超长续航，让科技与便捷融入您的每一天！
>
> ---
>
> **文案5：健康守护，时刻在线**
>
> 华为智能手环9，24小时心率、血氧、睡眠监测，助您全面了解身体状况。支持女性健康管理、压力监测，贴心呵护您的每一天。游泳级防水，超长续航14天，让健康陪伴更持久、更安心！
>
> ---
>
> 以上文案可根据具体需求调整，突出产品核心卖点，吸引目标用户！

图2-19　DeepSeek生成的产品描述文案

实战6：使用DeepSeek撰写短视频营销文案

撰写短视频营销文案时，要综合考虑目标受众、营销目标、创意内容、视频时长、视觉元素、呼吁行动等因素。这要求文案简洁有力，能够迅速吸引并保持观众的注意力，同时与品牌或产品紧密相关，并通过明确的行动号召引导观众采取行动。此外，文案和视频内容需要进行搜索引擎优化，以增加视频的可见性，最后通过收集反馈和数据分析来不断改进文案和视频表现。

使用DeepSeek生成短视频营销文案，只需提供产品或服务的详细信息、明确目标受众和核心信息、设定文案的风格和语调。接着，根据视频时长确定文案长度，并利用DeepSeek的AI指令功能，如"@文案助手"，来生成文案。生成后，根据实际情况进行审查和修改，确保文案与品牌形象一致。发布视频后，收集观众反馈，持续优化文案，以更好地吸引和满足目标受众。

以华为智能手环9这款商品为例，我们用DeepSeek来写一篇短视频营销文案。

步骤 ❶ 在DeepSeek对话框中输入"请帮我为华为智能手环9撰写一个短视频营销文案。目标受众是关注健康和科技的年轻成年人，核心信息是这款手环先进的健康监测功能和时尚设计。我们希望文案风格是激励和亲切的，视频时长大约为30秒。请确保文案简洁有力，能够快速吸引观众的注意力，并在结尾处有明确的行动号召。"

这个指令清晰地向DeepSeek传达了需求，包括产品信息、目标受众、核心信息、风格、视频时长及对文案的具体要求。DeepSeek生成的文案如图2-20所示。

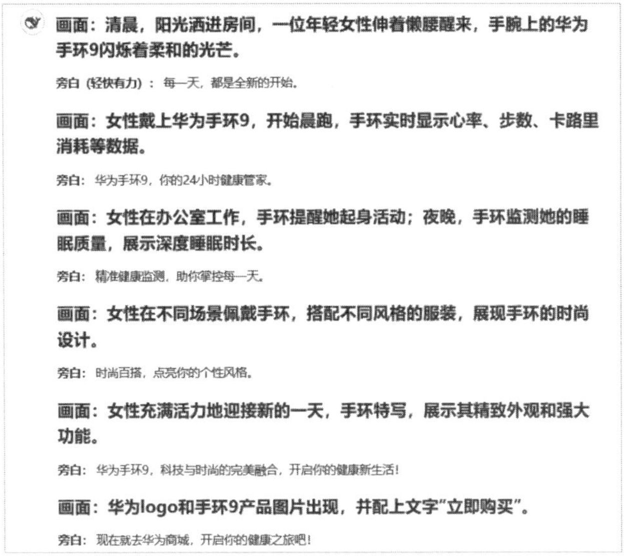

> 画面：清晨，阳光洒进房间，一位年轻女性伸着懒腰醒来，手腕上的华为手环9闪烁着柔和的光芒。
> 旁白（轻快有力）：每一天，都是全新的开始。
> 画面：女性戴上华为手环9，开始晨跑，手环实时显示心率、步数、卡路里消耗等数据。
> 旁白：华为手环9，你的24小时健康管家。
> 画面：女性在办公室工作，手环提醒她起身活动；夜晚，手环监测她的睡眠质量，展示深度睡眠时长。
> 旁白：精准健康监测，助你掌控每一天。
> 画面：女性在不同场景佩戴手环，搭配不同风格的服装，展现手环的时尚设计。
> 旁白：时尚百搭，点亮你的个性风格。
> 画面：女性充满活力地迎接新的一天，手环特写，展示其精致外观和强大功能。
> 旁白：华为手环9，科技与时尚的完美融合，开启你的健康新生活！
> 画面：华为logo和手环9产品图片出现，并配上文字"立即购买"。
> 旁白：现在就去华为商城，开启你的健康之旅吧！

图2-20 DeepSeek生成的短视频营销文案

步骤 ❷ 从生成的内容形式来看，该文案是拍摄视频的脚本文案，而我们需要的是营销文案。这时我们可以继续输入指令"请帮我把生成的文案整理成一篇营销文案，不需要分镜说明，不要带二维码，不要链接引导",DeepSeek生成的回复如图2-21所示。

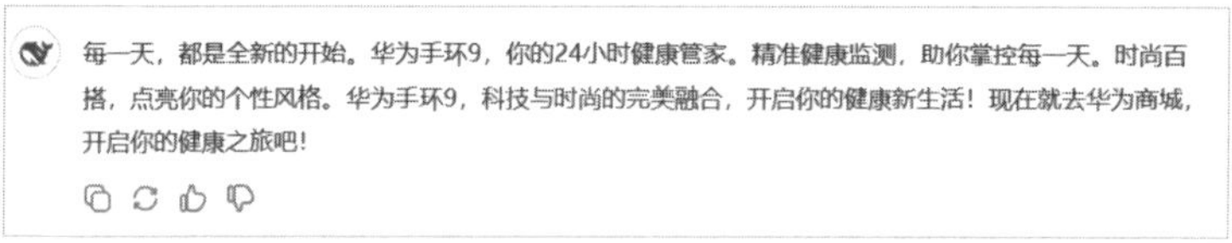

> 每一天,都是全新的开始。华为手环9,你的24小时健康管家。精准健康监测,助你掌控每一天。时尚百搭,点亮你的个性风格。华为手环9,科技与时尚的完美融合,开启你的健康新生活!现在就去华为商城,开启你的健康之旅吧!

图 2-21　DeepSeek优化后的短视频营销文案

如果对生成的营销文案不满意,还可以通过提问进行调整和优化,也可以手动进行修改以达到想要的效果。

2.3.2 ▶ 不同类型的短视频文案生成策略

通过前面的学习,我们对AI工具有了一定的使用基础,下面将介绍生成不同类型的短视频文案的策略。

实战1:娱乐搞笑类短视频文案生成策略

娱乐搞笑类短视频文案的首要任务是迅速抓住观众的注意力,引发轻松愉悦的情绪,并通过幽默、夸张、反转等元素营造出强烈的娱乐氛围。

生成娱乐搞笑类短视频文案的策略可以围绕以下几个方面展开。

- 理解目标受众:在开始编写任何文案之前,首先要明确你的目标受众是谁。了解他们的兴趣、笑点、年龄层和文化背景,以确保你的文案能够引起他们的共鸣。
- 捕捉时下热点:娱乐搞笑类短视频常常与时下热点、流行文化、网络热梗等紧密相连。要关注社交媒体、新闻网站和流行文化趋势,将这些元素巧妙地融入你的文案中,以吸引观众的注意力。
- 运用幽默元素:幽默是娱乐搞笑类短视频的核心。在文案中运用夸张、双关、反转、讽刺等手法,创造出令人捧腹的效果。同时,注意保持幽默的尺度和品味,避免过度或低俗的幽默。
- 创造独特的故事情节:一个有趣的故事情节能够吸引观众继续观看。在文案中构思一个引人入胜的故事框架,通过悬念、冲突和反转等手法,让观众在笑声中度过愉快的时光。

- 运用生动的语言：生动有趣的语言能够让文案更加吸引人。使用比喻、拟人、排比等修辞手法，以及具体的场景描绘和人物刻画，让文案更加生动有趣。
- 结合视频内容和节奏：文案和视频内容需要紧密结合，形成整体效果。在编写文案时，要考虑视频的画面、音效、配乐等元素，以及视频的剪辑节奏和时长，确保文案与视频内容相得益彰。
- 测试和优化：在实际发布之前，对文案进行测试是非常必要的。可以将文案应用到短视频中，观察观众的反馈和互动情况。根据测试结果，对文案进行优化和调整，使其更加符合观众的喜好和期望。
- 保持创意和多样性：娱乐搞笑类短视频需要不断创新和变化，以保持观众的新鲜感。在编写文案时，尝试不同的创意和风格，不断突破自己的想象力，为观众带来更加丰富多彩的观看体验。
- 保持真实和真诚：虽然娱乐搞笑类短视频以幽默和娱乐为主，但保持真实和真诚同样重要。在文案中展现真实的情感和观点，与观众建立真诚的联系，让他们感受到你的真诚和用心。
- 考虑跨文化和跨语言的因素：如果你的短视频面向全球观众，需要考虑跨文化和跨语言的因素，应确保你的文案在不同文化和语言背景下都能被理解和接受，避免文化冲突和语言障碍。

通过以上策略，你可以生成既有趣又吸引人的娱乐搞笑类短视频文案，为观众带来欢乐。

例如，在DeepSeek输入框中，直接输入以下内容即可生成一个娱乐搞笑类短视频的文案：

"请生成一个娱乐搞笑类短视频的文案，要求包含以下元素：

标题：吸引眼球，含有幽默感

简介：简短有趣，能够激发观众好奇心

标签：使用流行和相关的标签以增加曝光率"

生成的内容如图2-22所示。

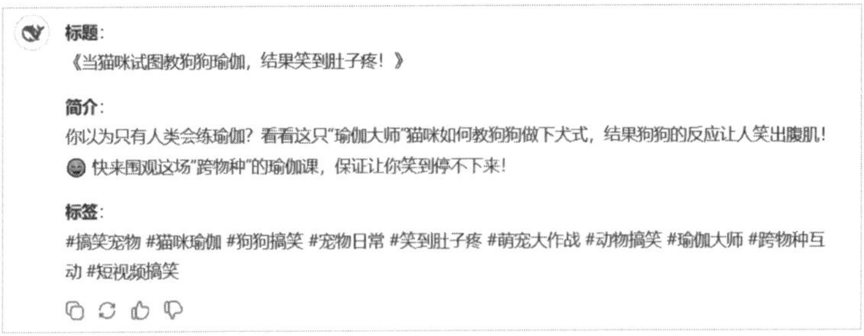

> **标题:**
> 《当猫咪试图教狗狗瑜伽,结果笑到肚子疼!》
>
> **简介:**
> 你以为只有人类会练瑜伽?看看这只"瑜伽大师"猫咪如何教狗狗做下犬式,结果狗狗的反应让人笑出腹肌!
> 😂 快来围观这场"跨物种"的瑜伽课,保证让你笑到停不下来!
>
> **标签:**
> #搞笑宠物 #猫咪瑜伽 #狗狗搞笑 #宠物日常 #笑到肚子疼 #萌宠大作战 #动物搞笑 #瑜伽大师 #跨物种互动 #短视频搞笑

图 2-22　DeepSeek 生成的娱乐搞笑类短视频文案

生成的内容中规中矩,字数较少,并不一定适合我们的文案要求,为了让这篇文案达到满意的效果,需要确保指令中包含以下几个关键点:

- 明确目标受众:指出文案应该吸引哪类观众,比如年轻人、宠物爱好者、科技迷等。
- 指定幽默风格:描述你希望文案中包含的幽默类型,如讽刺、夸张、自嘲、双关语等。
- 结合时下热点:要求 AI 关注并融入当前的流行文化、网络梗或社会热点。
- 创意故事情节:指导 AI 创造一个新颖的、有趣的故事情节,包含悬念、冲突和反转。
- 使用生动的语言:要求 AI 使用形象生动的语言和修辞手法,如比喻、拟人、排比等。
- 视频内容和节奏匹配:指示 AI 考虑视频的视觉和听觉元素,以及剪辑节奏。
- 生成吸引人的标题和简介:要求 AI 创作一个吸引眼球的标题和简短有趣的简介。
- 选择流行标签:让 AI 根据当前流行趋势和相关性选择标签。
- 测试和优化:指示 AI 在生成文案后,进行初步的测试和优化。
- 保持创意和多样性:鼓励 AI 尝试不同的创意和风格,避免内容重复。

- 保持真实和真诚：要求AI在文案中展现真实的情感和观点。
- 考虑跨文化因素：如果面向全球观众，要求AI考虑不同文化和语言的接受度。

确定自己的需求后，详细说明自己的要求，例如，可以在DeepSeek中输入"请为我创作一个既幽默又吸引人的娱乐搞笑短视频文案，考虑年轻宠物爱好者的喜好，融入流行文化元素，设计有趣的故事情节，使用生动的语言，并确保文案与视频内容和节奏相匹配，同时选择流行标签来提高曝光率。预计视频时长15s左右。"DeepSeek生成的视频文案如图2-23所示。

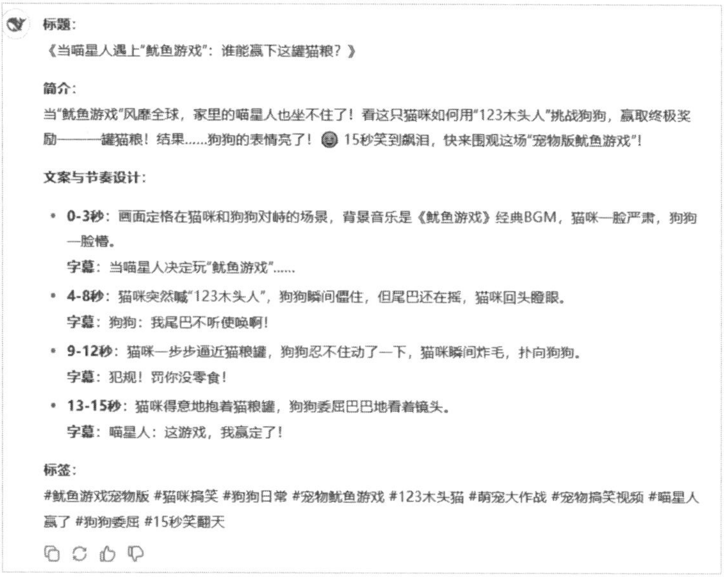

标题
《当喵星人遇上"鱿鱼游戏"：谁能赢下这罐猫粮？》

简介
当"鱿鱼游戏"风靡全球，家里的喵星人也坐不住了！看这只猫咪如何用"123木头人"挑战狗狗，赢取终极奖励——罐猫粮！结果……狗狗的表情亮了！😂 15秒笑到飙泪，快来围观这场"宠物版鱿鱼游戏"！

文案与节奏设计：
- **0-3秒**：画面定格在猫咪和狗狗对峙的场景，背景音乐是《鱿鱼游戏》经典BGM，猫咪一脸严肃，狗狗一脸懵。
  字幕：当喵星人决定玩"鱿鱼游戏"……
- **4-8秒**：猫咪突然喊"123木头人"，狗狗瞬间僵住，但尾巴还在摇，猫咪回头瞪眼。
  字幕：狗狗：我尾巴不听使唤啊！
- **9-12秒**：猫咪一步步逼近猫粮罐，狗狗忍不住动了一下，猫咪瞬间炸毛，扑向狗狗。
  字幕：犯规！罚你没零食！
- **13-15秒**：猫咪得意地抱着猫粮罐，狗狗委屈巴巴地看着镜头。
  字幕：喵星人：这游戏，我赢定了！

标签
#鱿鱼游戏宠物版 #猫咪搞笑 #狗狗日常 #宠物鱿鱼游戏 #123木头猫 #萌宠大作战 #宠物搞笑视频 #喵星人赢了 #狗狗委屈 #15秒笑翻天

图2-23　DeepSeek优化后的娱乐搞笑类短视频文案

实战2：美食制作类短视频文案生成策略

生成美食类短视频文案的策略可以围绕以下几个方面展开。

- 引起观众兴趣：开头部分要迅速吸引观众的注意力，可以运用悬念、幽默、故事等方式，使观众对视频内容产生浓厚的兴趣。例如，可以使用引人入胜的标题："一分钟学会制作×××美食，让你秒变大厨！"
- 介绍美食背景：在文案中简要介绍美食的来源、历史、文化背景等，增加观众对美食的了解和兴趣。这有助于提升视频的文化内涵和观赏性。
- 详细展示烹饪过程：美食制作类短视频的核心是展示烹饪过程，因此文案要详细描述每个步骤的操作方法和所需材料。可以使用生动的语言和形象的比喻，让观众能够清晰地理解并跟随制作。
- 强调美食特色和口感：在文案中突出美食的特色和口感，让观众对美食产生强烈的欲望。可以运用一些形容词和修辞手法，如"色香味俱全""口感丰富""入口即化"等。
- 加入互动元素：在文案中加入一些互动元素，如提问、讨论、投票等，引导观众参与互动，提高视频的互动性和观看体验。例如，可以询问观众最喜欢的美食是什么，或者讨论某种食材的最佳烹饪方式等。
- 简洁明了：文案要简洁明了，避免冗长和复杂的句子。尽量使用简单易懂的语言和词汇，让观众能够轻松理解并接受信息。
- 结合视频画面：文案要与视频画面紧密结合，相互补充。在描述烹饪过程时，可以结合视频画面中的镜头和动作，使文案更加生动和形象。

例如，在DeepSeek输入框中直接输入以下内容即可生成一篇美食制作类短视频文案：

"请帮我生成一篇美食制作类短视频文案，需包括以下信息：
标题：清晰描述美食，激发食欲
内容：详细步骤说明，易于观众理解并尝试
标签：使用美食相关标签，吸引目标观众"

DeepSeek生成的内容如图2-24所示。

> **标题：**
> 《5分钟搞定！爆浆芝士火腿三明治，早餐幸福感拉满！》
>
> **简介：**
> 早上没时间？试试这个超简单的爆浆芝士火腿三明治！外脆里嫩，芝士多到拉丝，咬一口幸福感爆棚！只需5分钟，懒人也能轻松搞定~快来试试吧！
>
> **内容：**
>
> 1. 准备食材：吐司2片、火腿1片、芝士片2片、黄油适量。
> 2. 步骤1：吐司去边，用擀面杖稍微压平。
> 3. 步骤2：放一片芝士、一片火腿，再盖一片芝士，像叠被子一样包起来。
> 4. 步骤3：平底锅小火加热，放入一小块黄油融化。
> 5. 步骤4：将包好的三明治放入锅中，小火慢煎至两面金黄，芝士融化。
> 6. 步骤5：出锅对半切开，享受爆浆瞬间！
>
> **小贴士：**
>
> - 喜欢脆口的可以多煎一会儿。
> - 芝士可以选择马苏里拉，拉丝效果更好哦！
>
> **标签：**
> #爆浆三明治 #快手早餐 #芝士控 #懒人食谱 #美食制作 #早餐灵感 #5分钟美食 #幸福感早餐 #厨房小白必学 #美食教程

图 2-24　DeepSeek 生成的美食制作类短视频文案

实战3：生活分享类短视频文案生成策略

生活分享类短视频以贴近日常、真实可信的特点，深受观众喜爱。一篇成功的文案能够让观众感受到生活的美好，激发他们对日常小事的热爱。

生成生活分享类短视频文案的策略可以围绕以下几个方面展开：

- 引起共鸣：开头部分要迅速与观众建立情感连接，可以通过分享个人经历、感悟或提出普遍性问题来引起观众的共鸣。
- 展示生活细节：文案中应详细描述生活中的小细节，如日常用品的使用、家居布置的小技巧等，让观众感受到生活的乐趣。
- 传递正能量：强调积极的生活态度和健康的生活方式，使用正面的语言和鼓舞人心的故事来激励观众。
- 分享实用技巧：提供一些生活小窍门或实用技巧，帮助观众解决实际问题，增加视频的实用价值。

- 鼓励互动交流：在文案中加入互动元素，如提问、征集观众意见或邀请观众分享自己的故事，增加观众的参与感。
- 保持真实性：文案要真实反映生活，避免夸张和虚假，使用真诚和朴素的语言，让观众感受到真实可信。
- 结合视频内容：文案要与视频内容紧密结合，通过描述视频中的场景和动作，使文案更加生动和具体。

通过以上策略，生活分享类短视频文案能够更好地与观众建立情感联系，传递生活的美好，同时提供实用的信息，增强观众的观看体验。

例如，在DeepSeek输入框中直接输入以下内容：

"请帮我创作一篇生活分享类的短视频文案，要求如下：

标题：【生活小技巧】如何用一张纸快速找到丢失的针？

内容：分享一个简单却实用的小技巧，帮你快速找到丢失的小物件。

标签：#生活小妙招 #实用技巧 #生活分享"

DeepSeek生成的内容如图2-25所示。

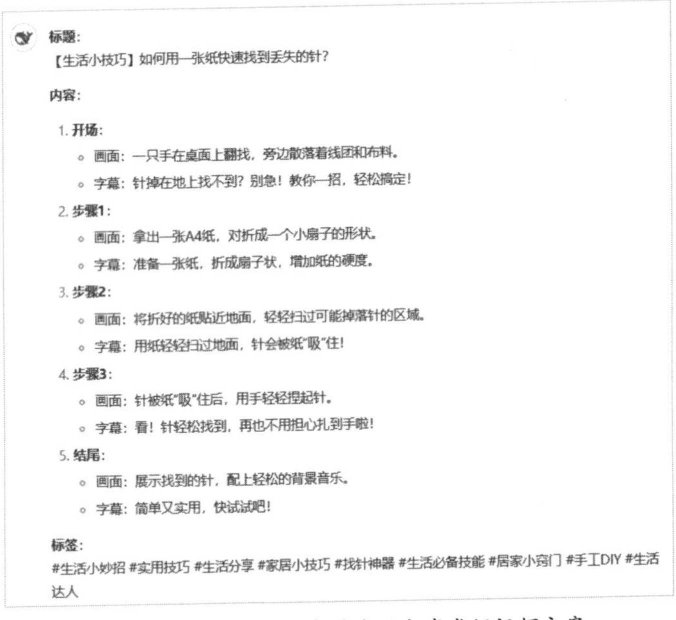

> **标题：**
> 【生活小技巧】如何用一张纸快速找到丢失的针？
>
> **内容：**
>
> 1. 开场：
>   - 画面：一只手在桌面上翻找，旁边散落着线团和布料。
>   - 字幕：针掉在地上找不到？别急！教你一招，轻松搞定！
> 2. 步骤1：
>   - 画面：拿出一张A4纸，对折成一个小扇子的形状。
>   - 字幕：准备一张纸，折成扇子状，增加纸的硬度。
> 3. 步骤2：
>   - 画面：将折好的纸贴近地面，轻轻扫过可能掉落针的区域。
>   - 字幕：用纸轻轻扫过地面，针会被纸"吸"住！
> 4. 步骤3：
>   - 画面：针被纸"吸"住后，用手轻轻捏起针。
>   - 字幕：看！针轻松找到，再也不用担心扎到手啦！
> 5. 结尾：
>   - 画面：展示找到的针，配上轻松的背景音乐。
>   - 字幕：简单又实用，快试试吧！
>
> **标签：**
> #生活小妙招 #实用技巧 #生活分享 #家居小技巧 #找针神器 #生活必备技能 #居家小窍门 #手工DIY #生活达人

图2-25　DeepSeek生成的生活分享类短视频文案

实战4：知识科普类短视频文案生成策略

在知识迅速迭代的今天，科普短视频不仅是传递信息的媒介，更是激发公众探索精神和科学兴趣的火花。一篇精心构思的文案，能够将复杂的科学概念转化为观众易于理解并乐于接受的知识，引领他们走进科学的世界。

生成知识科普类短视频文案的策略可以围绕以下几个方面展开。

- 激发好奇心：开篇以一个引人入胜的问题或现象作为钩子，如"你是否曾想过，我们是如何从一颗小小的种子中窥见生命的奇迹"，以激发观众的好奇心。
- 明确主题：文案要直接点明视频的核心主题，如"本视频将带您探索植物生长的奥秘，从种子到参天大树"。
- 逻辑清晰：文案应遵循一条清晰的逻辑线索，逐步引导观众深入理解，如"我们将从植物的细胞结构开始，探讨它们如何响应环境变化，最终实现光合作用的过程"。
- 简化复杂概念：将抽象的科学概念转化为形象的语言，如将"光合作用"描述为"植物的绿色魔法，将阳光转化为生命的源泉"。
- 增强视觉辅助：建议使用生动的图表、动画等视觉元素来辅助解释，如"通过微观镜头，我们将观察到植物细胞内部的奇妙世界，以及它们如何协同工作"。
- 鼓励深入探索：在文案中提供引导，鼓励观众自行探索更多相关知识，如"想要了解更多关于植物生长的知识？请访问我们的科普网站，那里有丰富的资料和互动课程"。
- 互动提问：通过提问激发观众的思考，如"你认为植物的生长过程对我们理解生态系统有何启示？在评论区分享你的见解"。
- 保持专业严谨：确保文案内容的准确性和权威性，比如"本视频的科学信息经过植物学家的严格审核，确保每一个细节都准确无误"。

采用这些策略，知识科普类短视频文案能够以一种引人入胜、易于理解的方式传递知识，同时鼓励观众进行更深入的学习和探索，提升视频的教育和启发价值。通过丰富的内容和专业的呈现，科普短视频能够成为观众获取知识、开阔视野的重要平台。

在DeepSeek对话框中输入以下内容：

"请帮我生成一篇知识科普类短视频文案。要求如下：

标题：【科学探秘】月球背面的秘密：我们发现了什么？

内容：揭开月球背面的神秘面纱，了解最新的科学发现。

标签：#科学探秘 #月球探索 #科普知识"

DeepSeek生成的内容如图2-26所示。

> **标题：**
> 【科学探秘】月球背面的秘密：我们发现了什么？
>
> **内容：**
>
> 1. 开场：
>   - 画面：月球正面与背面对比图，背景音乐神秘而引人入胜。
>   - 字幕：你知道月球的背面长什么样吗？它藏着什么秘密？
> 2. 知识点1：
>   - 画面：月球背面照片，展示其坑坑洼洼的表面。
>   - 字幕：月球背面比正面更崎岖，布满了陨石坑，几乎没有平坦的"月海"。
> 3. 知识点2：
>   - 画面：中国嫦娥四号探测器着陆月球背面的动画演示。
>   - 字幕：2019年，中国嫦娥四号首次成功登陆月球背面，揭开了它的神秘面纱！
> 4. 知识点3：
>   - 画面：月球背面的低频射电观测示意图。
>   - 字幕：月球背面是绝佳的天文观测点，没有地球无线电干扰，可以捕捉宇宙深处的信号！
> 5. 知识点4：
>   - 画面：月球背面土壤样本分析画面。
>   - 字幕：科学家还发现，月球背面的土壤成分与正面不同，可能隐藏着月球形成的关键线索！
> 6. 结尾：
>   - 画面：月球背面全景图，配上震撼的背景音乐。
>   - 字幕：月球背面还有更多秘密等待揭晓，未来探索，永不止步！
>
> **标签：**
>
> #科学探秘 #月球探索 #科普知识 #嫦娥四号 #宇宙奥秘 #天文科普 #月球背面 #太空探索 #科学发现

图2-26 DeepSeek生成的知识科普类短视频文案

实战5：情景短剧类短视频文案生成策略

情景短剧类短视频以其紧凑的剧情和丰富的人物性格，为观众提供了一种快速而深刻的情感体验。精心设计的文案能够加强这种体验，让观众在短时间内感受到故事的力量。

生成情景短剧类短视频文案的策略可以围绕以下几个方面展开：

- 构建情境：文案开篇要迅速设定故事背景，通过环境描写和氛围营造，让情境生动起来，如"在这座繁华都市的一隅，一家复古咖啡馆里，隐藏着不为人知的秘密"。
- 塑造角色：通过角色的言行举止，展现他们的性格和动机，使角色生动立体，如"咖啡馆的老板，一个看似普通却眼神深邃的中年人，总是能在不经意间洞察人心"。
- 推动情节发展：文案要巧妙地设置情节转折点，保持故事的悬念和紧张感，如"一位神秘顾客的到来，打破了咖啡馆的平静，一段尘封的往事即将被揭开"。
- 情感共鸣：通过角色的内心独白或对话，触动观众的情感，让他们与角色产生共鸣，如"'每个人的心中都有一座咖啡馆，藏着他们的故事和梦想。'老板轻声说道，目光穿透了岁月"。
- 视觉与文案结合：文案要与视频的视觉元素紧密结合，通过场景布置、角色造型和光影效果，增强画面的视觉冲击力，如"镜头缓缓推进，每一个细节都透露着即将到来的风暴"。
- 互动提问：鼓励观众参与互动，提出问题或预测剧情，如"你认为这位神秘顾客是谁？他的到来将给咖啡馆带来什么变化"。
- 保持紧凑节奏：文案节奏要紧凑有力，避免冗长和拖沓，确保故事在有限的时间内高效推进，如"随着时间的流逝，真相逐渐浮出水面，每个角色的选择都牵动着观众的心"。
- 专业制作：确保文案的专业性和制作质量，如"本短剧由资深编剧和导演团队打造，每一个镜头都经过精心设计，力求呈现最佳的故事效果。"

通过这些策略，情景短剧类短视频文案能够以引人入胜的方式讲述故事，同时鼓励观众参与互动，提升视频的娱乐价值和观众的观看体验。通过精心构建的情境、立体的角色塑造和紧凑的剧情发展，情景短剧能够成为观众喜爱的娱乐内容，在短时间内带给他们深刻的情感体验和思考。

例如：在DeepSeek对话框中输入以下内容：

"请帮我生成一篇情景短剧类的短视频文案。要求如下：

标题：【情果喜剧】办公室里的奇葩面试

内容：在这场充满笑料的办公室面试中，看看应聘者奇范如何让面试官哭笑不得。

标签：#情景客剧#办公室生活#面试趣事"

DeepSeek生成的内容如图2-27所示。

```
【情果喜剧】办公室里的奇葩面试

场景：一间普通的办公室，面试官坐在桌子后面，神情严肃。门外传来一阵急促的脚步声，门被推开，一位穿着奇装异服的应聘者（奇范）走了进来。

面试官：（抬头看了一眼，眉头微皱）请坐。

奇范：（一屁股坐在椅子上，椅子发出吱呀声）谢谢！

面试官：（清了清嗓子）请简单介绍一下你自己。

奇范：（突然站起来，摆出一个夸张的姿势）我是奇范，奇思妙想的奇，范特西的范！我来自一个充满想象力的世界，那里的人们都穿着五彩斑斓的衣服，说着只有我们才懂的语言！

面试官：（一脸茫然）呃……请问你之前的工作经验是？

奇范：（坐下，神秘兮兮地压低声音）我曾经在一家魔法公司工作，负责研发会飞的扫帚和会说话的帽子。不过后来公司倒闭了，因为扫帚总是飞错方向，帽子总是说错话。

面试官：（强忍住笑）那……你对我们公司了解多少？

奇范：（从口袋里掏出一张皱巴巴的纸，上面画满了奇怪的符号）这是我昨晚用占卜术算出来的，你们公司未来会有一场大变革，而我，就是那个能带领你们走向辉煌的人！

面试官：（终于忍不住笑出声）好吧，奇范先生，你的确很有……创意。不过我们公司目前更需要的是脚踏实地的人。

奇范：（突然站起来，双手撑在桌子上）脚踏实地？那太无聊了！你们需要的是像我这样能带来惊喜的人！比如，我可以把办公室的墙壁变成会发光的彩虹，让每个员工都能在梦幻般的环境中工作！

面试官：（笑得前仰后合）好了好了，奇范先生，你的面试结束了。我们会……慎重考虑你的申请的。

奇范：（自信满满地站起来）相信我，你们不会后悔的！（转身离开，走到门口时突然回头）对了，如果你们需要会跳舞的打印机，我也可以搞定！

面试官：（笑得眼泪都出来了）好的，好的，我们会记住的。
```

图2-27　DeepSeek生成的情景短剧类短视频文案

实战6：影视解说类短视频文案生成策略

影视解说类短视频以其精练的剪辑和深刻的洞察力，为观众提供了一种快速深入理解影视作品的新途径。精心构思的文案能够增强观众的观影体验，激发他们对作品的思考和讨论。

生成影视解说类短视频文案的策略可以围绕以下几个方面展开。

- 提炼主题：文案开篇要迅速点明影视作品的核心主题或独特卖点，如"《肖申克的救赎》不仅仅是一场逃离，更是对自由与希望的永恒追求"。
- 丰富背景：提供更丰富的背景信息，包括作品的创作背景、社会影响、获奖情况等，如"这部作品改编自著名作家斯蒂芬·金的短篇小说，自1994年上映以来，一直被誉为电影史上的经典之作"。
- 梳理剧情：用精练而引人入胜的语言梳理剧情，同时巧妙地设置悬念，如"银行家安迪被冤枉谋杀妻子及其情人，他的入狱生活将如何展开"。
- 解读深度：提供对作品深层次的解读，包括导演的创作意图、作品的文化和哲学意义等，如"诺兰通过《盗梦空间》探讨了梦境与现实的界限，以及人类对真实性的追求"。
- 分析角色：深入分析主要角色的性格特点、成长变化及其对剧情的推动作用，如"安迪的智慧和坚韧不仅改变了自己的命运，也激励了身边的人追求自由"。
- 情感共鸣：通过角色的经典台词、情感冲突或高潮情节，触动观众的情感，如"'希望是件好东西，也许是人间至善，而美好的事物永不消逝。'这句话成了无数人心中的灯塔"。
- 视觉与文案结合：确保文案与影视作品的精彩片段、关键场景和演员表演紧密结合，如"在安迪播放莫扎特歌剧的那一刻，整个监狱被音乐的力量所震撼"。
- 控制节奏：文案节奏要与视频剪辑相匹配，保持紧凑而富有变化，如"从紧张的法庭辩论到监狱中的孤独夜晚，每一分钟都充满了戏剧张力"。
- 专业点评：展现专业影评人的视角，提供独到的见解和评价，增加文案的权威性，如"影评界普遍认为，这部电影以其深刻的人性探讨和精湛的叙事技巧,成了不朽的经典"。
- 文化链接:将作品与更广泛的文化现象、历史背景或社会议题相联系,如"《阿甘正传》不仅是一个个人成长的故事,也是对美国几十年社会变迁的一次生动回顾"。
- 互动引导:鼓励观众参与讨论,分享自己的观影感受或对作品的理解,如"在评论区告诉我们,哪一刻让你感受到了电影中的力量和温暖"。

采用这些策略,影视解说类短视频文案能够以精练而深入的方式介绍和分析影视作品,同时鼓励观众参与互动,提升视频的观赏价值和观众的思考深度。通过专业的点评、情感的共鸣和文化的链接,影视解说类短视频能够成为观众了解和欣赏影视作品的重要渠道,帮助他们获得更丰富的观影体验。

例如:在DeepSeek对话框中输入以下内容:

"请帮我生成一篇影视解说类短视频创作文案。要求如下:

标题:【影视解说】《盗梦空间》:梦境与现实的边界

简介:深入解析《盗梦空间》中的复杂梦境结构,探索电影中的哲学思考。

标签:#影视解说#盗梦空间#电影分析"

生成的内容如图2-28所示。

> 【影视解说】《盗梦空间》:梦境与现实的边界
>
> (画面:快速剪辑电影中经典场景:旋转的陀螺、折叠的城市、失重的走廊)
>
> 解说词:你是否曾怀疑过,此刻的你,究竟是身处现实,还是仍在梦中?
>
> (画面:柯布在梦中与妻子茉儿对话)
>
> 解说词:《盗梦空间》,一部颠覆你对梦境认知的科幻神作,带你进入层层嵌套的梦境世界,探索意识最深处的秘密。
>
> (画面:展示不同梦境层:雨中的城市、酒店走廊、雪山堡垒)
>
> 解说词:电影中,造梦师们利用特殊设备,潜入目标人物的梦境,在潜意识中植入想法。然而,梦境的每一层都拥有不同的时间流速和物理规则,稍有不慎,就会迷失其中,分不清现实与虚幻。

图2-28 DeepSeek生成的影视解说类短视频文案

(画面：柯布与茉儿在梦境中建造世界)

解说词：而最令人细思极恐的是，柯布与妻子茉儿，曾经在梦境中生活了五十年。当他们回到现实，茉儿却无法接受，最终选择自杀，并试图将柯布也留在梦中。

(画面：陀螺旋转，画面定格在疑似倾倒的瞬间)

解说词：电影结尾，那个旋转的陀螺，究竟有没有停下？柯布是否回到了现实？诺兰导演将这个终极问题留给了观众，也引发了关于现实与梦境的无限思考。

(画面：电影海报，字幕：你，真的醒着吗？)

解说词：或许，我们每个人都活在自己的"盗梦空间"里，而真正的现实，远比我们想象的更加复杂。

标签：#影视解说 #盗梦空间 #电影分析 #科幻 #悬疑 #哲学思考

图 2-28 DeepSeek 生成的影视解说类短视频文案（续）

综上所述，无论是哪种类型的短视频文案，AI 的辅助都能帮助创作者更高效、精准地生成内容，满足不同观众的需求，实现视频的营销目标。通过结合 AI 的智能分析和创作者的独特创意，短视频文案可以更加生动、有趣，同时具有教育意义和文化价值。

第 3 章

AI 生成短视频素材图片

在短视频的创作领域，每一次灵感的闪现都如同流星划过夜空，短暂而珍贵。然而，将这些瞬间的灵感转化为视觉艺术，往往需要跨越重重障碍。现在，AI 技术的介入，为这一过程带来了突破性的变革。

在本章中，我们将带您领略 AI 如何成为短视频创作的得力助手，它不仅能够捕捉那些稍纵即逝的创意火花，更能将其转化为令人瞩目的视觉杰作。这不再是简单的技术应用，而是一场关于创意与技术融合的深度探索。

通过本章的阅读，您将了解到 AI 如何简化创作流程，提供个性化素材，以及如何通过智能算法增强视频内容的表现力。这将是一个关于技术与艺术如何相辅相成的深刻洞察。

3.1 AI生成短视频素材图片概述

随着人工智能技术的突飞猛进，AI在短视频领域的应用变得日益广泛，尤其是在短视频素材图片的智能生成方面。AI生成的短视频素材图片，通过算法模型自动创作出满足特定需求的图像资源，供短视频创作者使用。这一技术不仅极大提升了视频制作的效率，同时也为视频内容的创新和多样性注入了新的活力。

3.1.1 AI在短视频素材图片生成中的应用

AI在短视频素材图片生成中的应用主要体现在以下几个方面：

❶ 自动化内容创作

AI可以通过学习大量的图像和视频数据，生成与特定主题或情境相关的短视频素材。例如，基于一段文字描述或关键词，AI可以生成符合要求的场景、角色和动作，实现自动化的内容创作。

❷ 特效与动画生成

AI技术被广泛应用于特效和动画的自动生成。通过算法，AI可以模拟各种物理现象、光影效果及复杂的动态变化，为短视频添加丰富的视觉效果。

AI动画生成工具可以快速生成角色动画，为创作者提供多种表情、动作和姿态选择，节省大量的人工制作时间。

❸ 风格迁移与图像转换

利用风格迁移技术，AI可以将一种艺术风格应用到短视频素材上，使其呈现出独特的视觉效果。例如，将一幅名画的风格应用到视频帧上，或将黑白视频转换为彩色视频。

图像转换技术则可以将一种图像类型转换为另一种类型，如将静态图片转换为动态视频，或将低分辨率视频转换为高分辨率视频。

4 智能剪辑与合成

AI可以自动分析视频素材的内容，根据节奏、情感和主题进行智能剪辑，生成符合要求的短视频片段。

通过智能合成技术，AI可以将多个视频片段、图像和音频素材无缝拼接在一起，形成连贯、流畅的短视频作品。

5 智能推荐与个性化定制

AI可以根据用户的喜好、行为和历史数据，推荐符合其需求的短视频素材。这有助于创作者更快地找到所需的素材，提高创作效率。

同时，AI也可以为用户提供个性化定制的短视频素材服务，根据用户的需求和偏好生成独特的短视频内容。

6 图像增强与修复

AI可以用于视频帧的图像增强，如提高图像的分辨率、对比度、色彩饱和度等，使短视频素材更加清晰、鲜艳。

对于存在缺陷或损坏的视频素材，AI也可以进行智能修复，如去除噪点、修复破损区域等，提高素材的可用性。

7 时渲染与交互

在一些实时性要求较高的应用场景中，AI可以实现实时渲染和交互功能。例如，在直播或虚拟现实（VR）应用中，AI可以根据用户的动作和指令实时生成对应的视频素材，增强用户的参与感和沉浸感。

这些应用使AI在短视频素材图片生成中发挥着越来越重要的作用，为创作者提供了更多的创作可能性和便利。

3.1.2 ▶ AI生成素材图片的优势

与传统方法生成素材图片相比，AI生成素材图片具有以下几个方面的优势。

1 高效快捷

AI能够迅速处理大量数据，并在短时间内生成高质量的素材图片。

相较于传统的手动创作或修改图片，AI能够显著提高工作效率，减少时间成本。

2 独特创意

AI模型通过学习大量样本数据，能够生成具有创意性和独特性的素材图片。它们能够突破传统创作的局限，为创作者提供新的灵感和可能性。

3 可定制性

AI能够根据用户的需求和偏好，生成符合特定要求的素材图片。无论是颜色、风格、尺寸还是内容，AI都能够通过调整参数来满足用户的不同需求。

4 一致性与可重复性

AI生成的素材图片具有很高的一致性和可重复性。一旦确定了生成条件和参数，AI就能够稳定地生成具有相同风格和质量的图片，确保作品的一致性和标准化。

5 自动化与智能化

AI技术能够实现自动化生成和智能化处理素材图片。它能够自动分析数据、识别特征、优化参数，并在整个过程中进行智能化决策和调整，大大提高了生成的效率和准确性。

6 节省成本

使用AI生成素材图片可以显著降低制作成本。传统的手动创作或购买图片素材需要耗费大量的人力、物力和财力，而AI生成则能够大大减少这些成本，提高经济效益。

7 适应多样化需求

AI生成的素材图片可以满足各种不同领域和场景的需求。无论是广告、媒体、设计、游戏还是其他领域，AI都能够提供符合要求的素材图片，满足多样化的创作需求。

这些优势使AI生成素材图片在各个领域中都得到了广泛的应用和认可，为创作者和设计师提供了更加高效、便捷和优质的创作体验。

3.1.3 ▶ AI生成素材图片的流程

AI生成素材图片的流程通常包括以下几个步骤：

1 选择合适的AI工具

根据具体需求，选择适合的AI工具或平台，这些工具可能包括专门的AI图像生成软件、在线平台或集成在特定软件中的AI功能。比如，国内的可灵AI，如图3-1所示。

图3-1 可灵AI主页面

2 输入描述或关键词

用户需要在AI工具中输入对图片的描述、关键词或短语。这些描述可以涉及图片的主题、风格、颜色、情感等多个方面。例如，在可灵AI中，生成图片前必须输入描述或关键词，如图3-2所示。

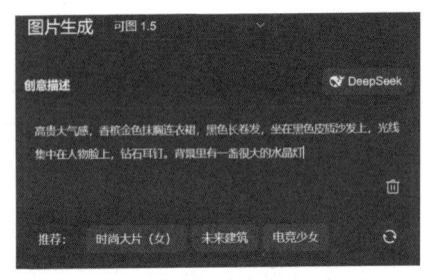

图3-2 在可灵AI中输入描述或关键词

3 上传参考图

根据需求，用户可以上传不同的风格或模型来生成图片。一些AI工具提供了多种预设的风格供用户选择，也可以训练自定义的模型。图3-3

所示为可灵AI生成图片时的上传参考图页面。

4 调整参数

在某些AI工具中，用户还可以调整一些参数来优化生成的图片。这些参数可能包括图片的图片比例、生成张数等。图3-4所示为可灵AI生成图片时的选择图片比例和生成张数。

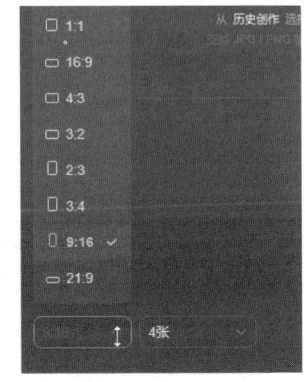

图3-3　可灵AI上传参考图　　图3-4　可灵AI生成图片时的参数

5 生成图片

AI工具根据用户输入的描述、关键词、选择的风格和参数，通过算法生成图片。这个过程可能需要一些时间，具体取决于AI工具的性能和计算能力。图3-5所示为使用可灵AI生成的女性人像图片。

图3-5　使用可灵AI生成的女性人像图片

6 预览和修改

生成的图片会在工具中显示供用户预览。用户可以根据需要对图片进行进一步的修改和调整,直到满足要求。图 3-6 所示为预览和修改可灵 AI 生成的现代人像图片。

7 导出和分享

一旦生成的图片符合要求,用户可以将其导出为所需的文件格式(如 JPEG、PNG 等),并分享给他人或在项目中使用。图 3-7 所示为下载可灵 AI 生成的现代人像图片页面。

图 3-6　预览和修改可灵 AI 生成的现代人像图片

图 3-7　下载可灵 AI 生成的现代人像图片页面

温馨提示

不同的 AI 工具和平台可能会有不同的操作流程和界面设计,但总体上,上述步骤是 AI 生成素材图片的基本流程。此外,随着技术的不断发展和完善,AI 生成图片的质量和效率也在不断提高。

3.2 AI生成短视频图片实战

使用AI生成短视频背景图片，能够高效、快速地创建符合视频主题和风格的背景素材。通过输入关键词或描述，AI算法能生成多样化的背景图片，满足不同的创意需求。无论是在旅行记录、广告推广还是影视制作等场景中，AI生成的背景图片都能为视频增添独特的视觉效果和氛围，使内容更加丰富、引人入胜。通过精准匹配和个性化定制，AI在短视频背景图片的生成中发挥着越来越重要的作用。由此可见，使用AI生成短视频背景图片，这不仅提升了视频制作的效率，还为创作者提供了更多创意灵感，使短视频内容更加丰富和吸引人。

3.2.1 实战：根据短视频主题生成背景图片

在根据短视频主题生成背景图片时，我们可以根据以下几个步骤进行：

步骤 1 深入理解主题。首先，我们需要深入理解短视频的主题。这包括主题的核心信息、所要传达的情感及目标观众。理解这些要素对于生成与主题紧密相关的背景图片至关重要。

步骤 2 分析视觉元素。接下来，对短视频主题进行视觉元素分析。这包括考虑主题可能涉及的颜色、纹理、形状、光影效果等。这些视觉元素将构成背景图片的基本框架。

步骤 3 选择或定制AI模型。选择一个合适的AI图像生成模型，或者根据短视频主题定制训练一个模型。确保所选模型能够捕捉到与主题相关的视觉元素，并生成高质量的图像。

步骤 4 设定关键词和描述。根据对短视频主题的理解和分析，设定与背景图片相关的关键词和描述。这些关键词和描述应该能够准确地传达背景图片的主题和风格。

步骤 5 调整生成参数。根据短视频的主题和视觉元素，调整AI模型的生成参数。这包括分辨率、颜色饱和度、对比度、光影效果等。通过调整这些参数,可以确保生成的背景图片与短视频主题保持一致。

步骤 6 生成与评估。使用AI模型生成背景图片,并对生成的图片进行评估。评估应基于背景图片与短视频主题的匹配度、视觉效果及是否符合目标观众的审美标准。

步骤 7 迭代与优化。如果生成的背景图片不符合要求,进行迭代和优化。这可能包括重新设定关键词和描述、调整生成参数或尝试使用不同的AI模型。通过迭代和优化,可以逐步改进背景图片的质量,直至满足需求。

步骤 8 整合与应用。最后,将生成的背景图片与短视频进行整合。确保背景图片与短视频内容协调一致,并能够有效地传达主题和情感。如果需要,还可以对背景图片进行进一步的编辑和修饰,以优化视觉效果。

通过以上步骤,我们可以根据短视频主题生成高质量、与主题紧密相关的背景图片。这将有助于提升短视频的视觉效果和吸引力,为观众带来更好的观看体验。

本例将使用可灵AI生成短视频主题为"夏日海滨之旅"的背景图片,生成的效果如图3-8所示。

图3-8 使用可灵AI生成短视频主题为"夏日海滨之旅"的背景图片

打开可灵AI的官方网站,登录可灵AI平台。如果你还没有账号,需要先注册一个快手账号或使用其他支持的第三方账号登录。登录网站后我们就可以开始图片生成。具体步骤如下：

步骤 1 打开网页，登录可灵 AI，进入可灵 AI 的主页。在主页的顶端单击导航栏中的"图片生成"文字按钮，进入可灵 AI 图片生成的创作界面，如图 3-9 所示。

图 3-9 进入可灵 AI 的主页

步骤 2 进入图片生成页面，选择图片模型（这里以选择"可图 1.5"为例），如图 3-10 所示。

步骤 3 在对话框中输入图片描述词，如图 3-11 所示。

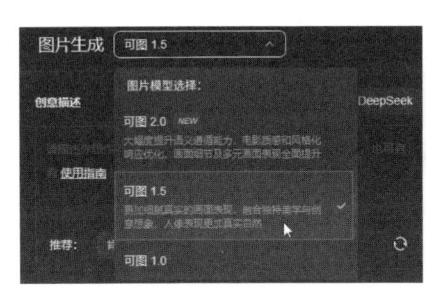

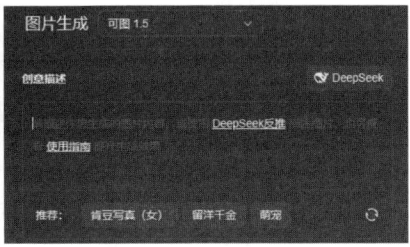

图 3-10 图片模型选择　　图 3-11 在对话框中输入图片描述词

输入图片描述词时，如果我们不知道描述词的内容如何写作，可以使用 DeepSeek 来生成，在 DeepSeek 输入框中输入："我想要使用可灵 AI 生成一个短视频主题为'夏日海滨之旅'的背景图片，请帮我生成一组适合可灵 AI 绘图要求的场景描述词，采用【画面主体描述+修饰词】的格式输出，字数不超过 200 字。" DeepSeek 生成的图片描述词内容如下所示。

069

❤ DeepSeek生成的图片描述词内容：

【画面主体描述】：碧海蓝天之下，绵延不绝的金色沙滩，细腻的沙粒在阳光下闪耀着柔和的光芒。远处，海浪轻轻拍打着岸边，卷起层层白色泡沫，与远处的海平线相接，形成一幅宁静而壮阔的景象。

【修饰词】：
- 主体：宽广无垠的碧海、晶莹剔透的蓝天、细腻柔软的沙滩
- 海浪：轻盈翻涌、洁白如雪、韵律悠扬
- 光线：温柔洒落、金色余晖、光影交错
- 氛围：悠然自得、清新脱俗、夏日风情浓郁

综合描述：

"【画面主体描述】宽广无垠的碧海与晶莹剔透的蓝天交相辉映，金色沙滩上，细腻柔软的沙粒轻轻铺展。远处，轻盈翻涌的海浪带着洁白如雪的泡沫，悠然自得地拍打着岸边，韵律悠扬。金色余晖温柔洒落，光影交错间，营造出清新脱俗、夏日风情浓郁的海滨之旅背景。"

> **温馨提示**
>
> 描述词通常采用【画面主体描述+修饰词】的形式。

这些描述词涵盖了夏日海滨之旅的主要元素，包括自然景色、人文活动及光影效果等，旨在帮助我们生成一幅生动、真实的夏日海滨背景图片。您可以根据需要进行适当的调整或组合。

步骤 ④ 提取生成的描述词为"宽广无垠的碧海与晶莹剔透的蓝天交相辉映，金色沙滩上，细腻柔软的沙粒轻轻铺展。远处，轻盈翻涌的海浪带着洁白如雪的泡沫，悠然自得地拍打着岸边，韵律悠扬。金色余晖温柔洒落，光影交错间，营造出清新脱俗、夏日风情浓郁的海滨之旅背景"，将其输入可灵AI的对话框中，如图3-12所示。

步骤 ⑤ 输入描述词后，可上传参考图，如果没有参考图也可以不上

传，如图3-13所示。

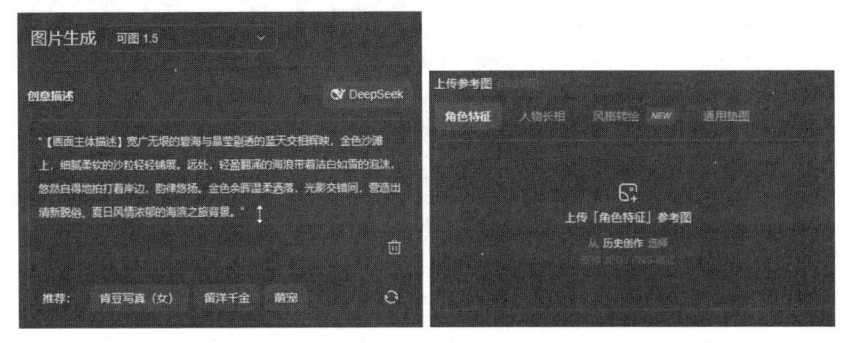

图3-12　将图片描述词输入可灵AI的对话框中　　图3-13　上传参考图

步骤 6 依次选择图片比例和生成的图片数量，如图3-14所示。

图3-14　选择图片比例和生成的图片数量

> **温馨提示**
>
> 图片比例分为竖图、方图、横图，一般方图的可操作性强，可以灵活转换成竖图和横图，所以一般选择生成方图。生成图片的数量可以选择1到9张，默认是4张，这里选择默认生成4张。

步骤 7 设置完成后，单击页面左侧下端的"立即生成"按钮，即可生成图片，如图3-15所示。

步骤 8 如果你对生成的图片不满意，可以修改提示词重新生成图片。

步骤 9 单击任意一张图片即可查看其高清大图效果，如果想要下载这张图片，则单击页面右侧的下载按钮即可下载此图片到本地设备中，如图3-16所示。

图 3-15 生成图片

图 3-16 下载图片到本地设备中

步骤 10 如果需要对生成的图片进行优化或编辑,可以在预览的大图中,进行编辑。这里以单击"扩图"为例,可对生成的图片进行拓展,如图 3-17 所示。

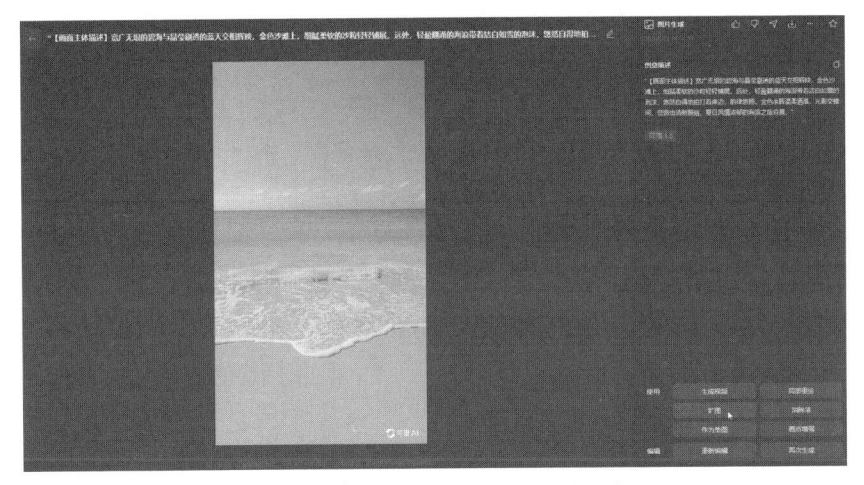

图3-17 对生成的图片进行优化或编辑

步骤 ⑪ 进入"扩图"编辑页面,设置图片参数及相关描述,单击"开始扩图"按钮,如图3-18所示。

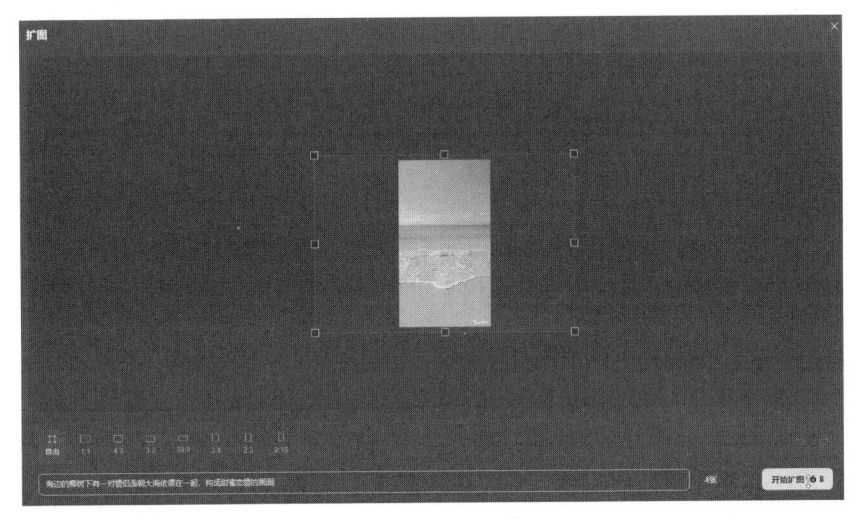

图3-18 设置扩图参数

步骤 ⑫ 系统自动扩图,效果如图3-19所示。

图 3-19 扩图效果

步骤 13 如果对编辑后的图片还不满意，使用同样的方法对生成的图片进行相应的编辑，直到满意为止。

3.2.2 ▶ 实战：根据短视频角色生成个性化头像

短视频角色的个性化头像设计，需紧密结合角色特点和视频主题，通过专业的图像编辑软件或 AI 生成技术，打造独一无二的头像形象。这些头像不仅能凸显角色的个性特征，还能增强视频的吸引力。我们精心挑选和设计，确保每个头像都符合视频风格，为观众带来更加沉浸式的观赏体验。本例将根据短视频中旅行博主角色生成个性化头像，生成的效果图如图 3-20 所示。

使用可灵 AI 生成个性化头像的操作步骤如下：

步骤 1 登录可灵 AI 网站，单击右侧的"立即创作"按钮，进入 AI 创作界面，如图 3-21 所示。

图 3-20 根据短视频中旅行博主角色生成个性化头像的效果图

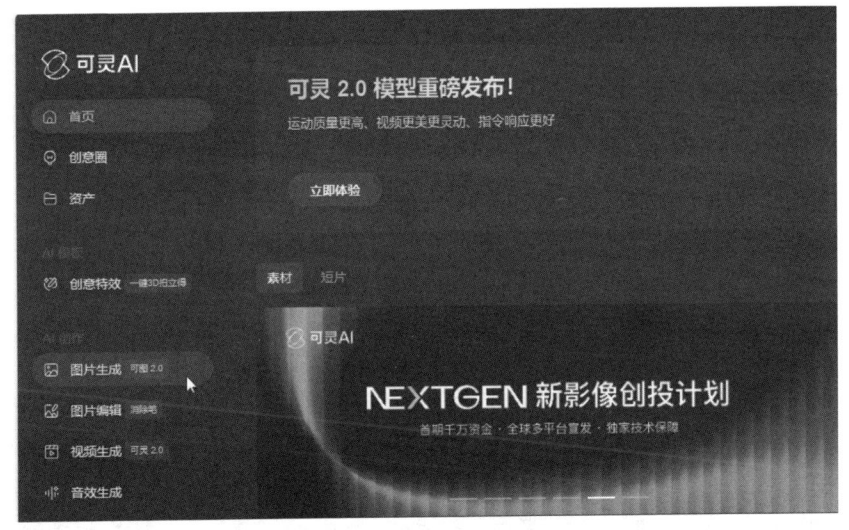

图 3-21 进入 AI 创作界面

步骤 2 选择"自定义"模式,在提示词输入框中输入推荐提示词。这里我们借助 Deepseek 来帮我们生成提示词。在 Deepseek 中输入:"我正在使用可灵 AI,需要根据短视频中的旅行博主角色生成个性化的头像。为了获得最佳的创作效果,我需要一组详细的场景描述词。"Deepseek 生成的描述词内容如下所示。

> **Deepseek 生成的描述词内容:**
>
> 1. 个人风格:探险家(宽檐帽、背包)、时尚达人(潮流配饰、太阳镜)。
>
> 2. 旅行地点特色:海滩(沙滩、遮阳伞)、山区(徒步杖、野花)。
>
> 3. 与环境互动:攀岩、潜水、阅读、品茶。
>
> 4. 时间与光线:清晨(柔和阳光)、傍晚(余晖)。
>
> 5. 表情与姿态:好奇探索(目光炯炯)、专注记录(凝视取景器)。
>
> 6. 色彩与氛围:活力四射(鲜艳色彩)、宁静平和(柔和色调)。

步骤 3 将Deepseek生成的提示词,复制到可灵AI的提示词输入框中,如图3-22所示。

步骤 4 如果要与博主相关,则可以上传一个博主的参考图片。单击"上传参考图"选项栏中的"上传角色特征参考图",在弹出的对话框中上传一张本地图片,如图3-23所示。

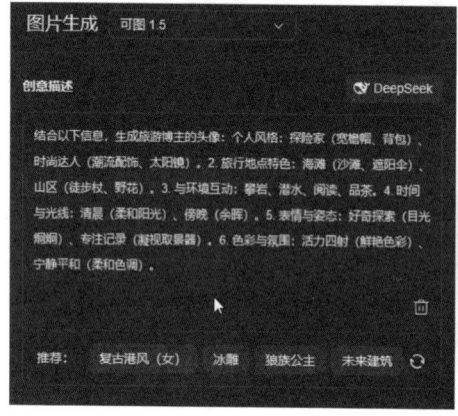

图3-22 输入提示词

图3-23 单击上传角色特征参考图按钮

步骤 5 选择上传的图片,单击"打开"按钮,如图3-24所示。

步骤 6 上传参考图成功,进行参考图设置,如角色特征、人物长相、风格转绘、通用垫图等,如图3-25所示。

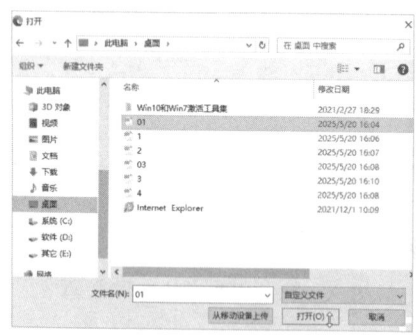

图3-24 选择上传的图片

图3-25 参考图设置

步骤 7 分别设置尺寸、数量等参数，如图3-26所示。

图3-26 设置参数

步骤 8 设置完成后，单击"立即生成"按钮，即可生成如图3-27所示的图像。

图3-27 生成图像

步骤 9 如果希望头像更加通俗易懂，可以选择具有代表性或象征性的元素进行展示。例如，如果你是一个旅行博主，可以选择一张你在著名景点或具有特色的地方拍摄的照片作为头像。

步骤 10 如果想下载某张图片，则单击此图片，然后单图片右侧的"下载"按钮，根据提示下载保存图片，如图3-28所示。

温馨提示

设置头像的尺寸和比例时要确保图片在不同设备和平台上都能正常显示。

图 3-28　下载图片

步骤 ⑪ 如果对图片不满意，后续可以进行修改。页面左侧有"生成视频""局部重绘"等编辑功能。单击"局部重绘"按钮，即可对图片进行重绘，如图 3-29 所示。

图 3-29　单击"局部重绘"按钮

步骤 ⑫ 进入重绘页面，涂抹重绘内容，输入相关关键词，单击"开始重绘"按钮，如图 3-30 所示。

图 3-30　单击"开始重绘"按钮

步骤 13 系统根据需求重绘头像图片，如图 3-31 所示。

图 3-31　重绘头像效果图

3.2.3 ▶ 实战：根据商品特征描述生成商品图

文心一言是百度推出的 AI 大模型，具备强大的 AI 图片生成与理解能力。用户可通过自然语言描述（如"水墨风格的花鸟画"或"未来科技城市"）快速生成高质量图像，并支持图像修复、风格转换、超分辨率增强等功能。同时，它还能结合文本与图片进行多模态创作，适用于设计、营销、教育等领域，提供高效、智能的视觉内容生成方案。

文心一言能够根据特定需求，在短时间内迅速生成大量高品质的图片，极大地提升了商品推广的时效性。更重要的是，文心一言生成的图片独具创意与个性，能够迅速捕获消费者的目光，为商品增添无限魅力。此外，这种先进的解决方案还大大降低了图片的制作成本，免去了传统摄影和后期制作的复杂流程，使商家能够更加轻松地展示商品，进一步提升品牌的市场竞争力。总而言之，文心一言为商品图的生成提供了全面、高效且经济的完美解决方案。

本例将使用文心一言生成一个梅子酒的商品图，完成后的效果如图3-32所示。

使用文心一言生成商品图的详细步骤如下：

步骤 ① 准备工作。首先要确定生成商品图的主题、风格和具体细节等描述。例如，要生成一个科技产品的商品图，可能需要明确产品的颜色、形状、尺寸及其他的设计元素。

图3-32 使用文心一言生成梅子酒商品图的最终效果

步骤 ② 进入文心一言主页。登录文心一言，进入文心一言的主页，单击"智慧绘图"选项，如图3-33所示。

图3-33 进入文心一言的主页

步骤 3 进入智慧绘图页面。即可进入智慧绘图页面，可以看到有多重文字生图的选项，这里单击"商品图"按钮，可以看到一些生成的商品图片，如图3-34所示。

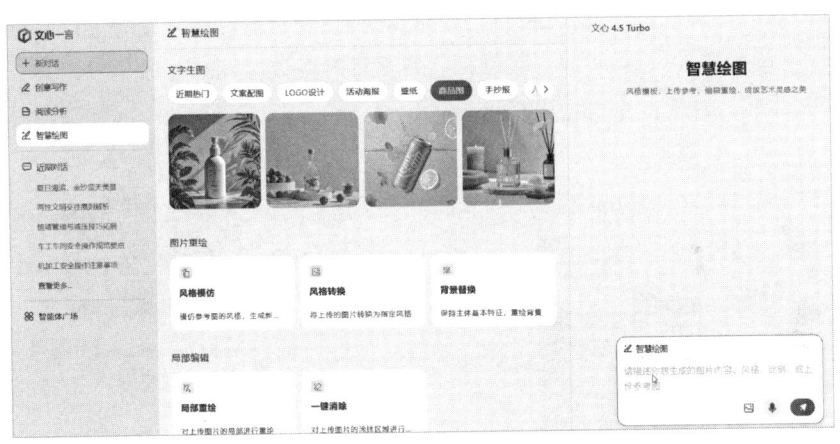

图3-34 进入智慧绘图页面

步骤 4 输入描述词。在创作页面的左侧文本框中输入商品图的详细描述，内容包括产品的名称、颜色、形状、尺寸、设计元素等。尽量使用详细且具体的描述，以帮助文心一言更好地理解你的需求，如图3-35所示。

步骤 5 AI作图中。系统自动跳转至"AI作图中"页面，可以看到具体的作图进度,如图3-36所示。

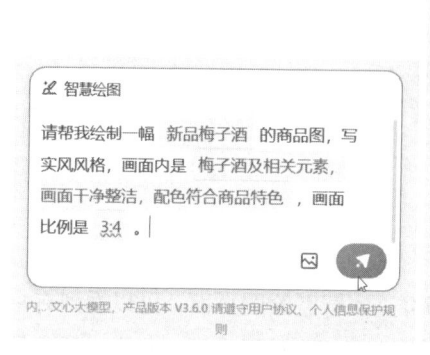

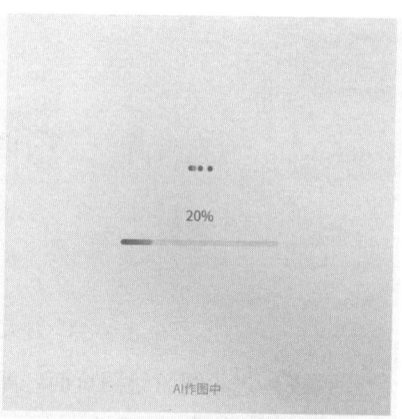

图3-35 输入描述词

图3-36 AI作图进度

步骤 6 生成图片。作图完成后,可以查看相关商品图,如图3-37所示。

图3-37 生成图片

> **温馨提示**
>
> 如果生成的图片不理想，可以重新设置描述和参数，进行必要的调整或修改，重新生成即可。

步骤 7 保存图片。如果对生成的图片满意，则单击"下载"按钮将其保存到电脑中，如图3-38所示。

图3-38 保存图片

3.2.4 实战：根据风格与色彩描述生成背景图片

背景图片的风格与色彩搭配是视频制作中至关重要的一环，它们直接影响着视频的整体视觉效果和氛围传达。通过精心选择和搭配，可以营造出符合视频主题和情感的视觉效果，为观众带来更好的观看体验。

本例将根据风格与色彩使用豆包生成具有中国山水画特色的背景图片。豆包（Doubao）是字节跳动推出的AI助手，具备AI图片生成与编辑能力，用户可通过文字描述（如"卡通风格的夏日海滩"或"极简抽象插画"）快速生成多样化的图像，并支持智能修图、风格转换、背景替换等功能。其特色在于与抖音生态深度结合，适合短视频创作者、电商设计等场景，提供便捷高效的AI视觉创作体验。

在制作具有中国山水画特色的背景图片时，使用AI技术的关键要点在于精准捕捉并再现中国山水画的精髓。首先，要深入理解中国山水画的构图原则，如"高远""深远"和"平远"的透视法，以及"虚实相生""墨分五彩"等笔墨运用技巧。其次，利用AI的深度学习能力，对大量经典中国山水画进行学习和分析，以提取并模仿其中的风格特征，如笔触的细腻变化、墨色的浓淡层次和山水的布局规律。同时，AI还需要具备生成高分辨率图像的能力，以确保最终生成的背景图片在细节上能够与中国山水画相媲美。最后，在制作过程中，还需要注重色彩和光影的处理，以营造出符合中国山水画特色的氛围和意境。本例生成的中国山水画背景图片如图3-39所示。

图3-39 使用豆包生成的中国山水画背景图片最终效果

使用豆包生成具有中国山水画特色的背景图片的操作步骤如下：

步骤 1 进入豆包主页，单击"图像生成"按钮，如图3-40所示。

图 3-40 单击"图像生成"按钮

步骤 2 进入图像生成页面,输入灵感(描述词)如图 3-41 所示。

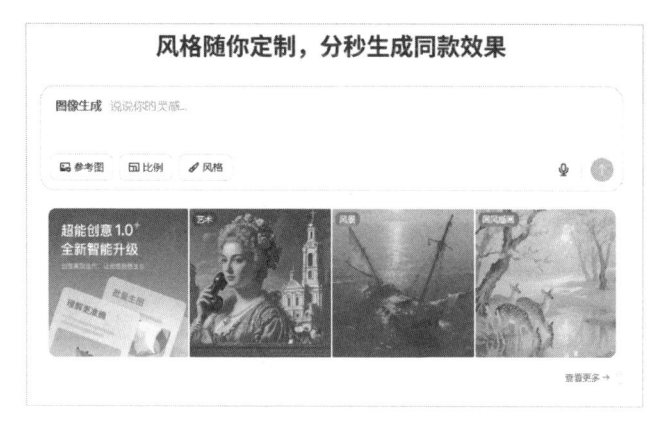

图 3-41 进入图像生成页面

步骤 3 如果你不确定如何填写描述以生成具有中国山水画特色的背景图片,可以使用 DeepSeek 来协助。为了得到一组适合豆包绘图要求的场景描述词,可以这样向 DeepSeek 提出请求:

> "我正在使用豆包来生成一个短视频的背景图片,该视频的主题为'中国山水画特色'。为了获得最佳的创作效果,我需要一组详细的场景描述词。请按照【画面主体描述+修饰词】的格式,为我生成一段不超过200字的描述,以便我能够准确地传达中国山水画的独特魅力和韵味。"

这样的表达方式能够明确地告知DeepSeek你的需求和目的，并且给出了一个明确的输出格式限制，使生成的描述词更加符合你的期望和豆包的绘图要求。DeepSeek生成的场景描述词如下所示。

> **DeepSeek生成生的场景描述词：**
>
> 画面主体描述：群山连绵，瀑布飞泻，古木参天
>
> 修饰词：群山以水墨渲染之姿，展现出苍劲雄浑的山骨，云雾缭绕其间，添几分飘渺仙气；瀑布如白绸悬挂，水声潺潺，带着清冽与灵动；古木以浓淡不一的墨色勾勒，枝叶繁茂，透露出岁月静好之态。整幅画面融合了中国山水画的留白艺术，意境深远，既有磅礴大气之势，又不失细腻温婉之美，完美诠释了中国山水画"山水有情，画中有诗"的独特魅力与韵味。

步骤 4 当将上述生成的提示词输入豆包的输入框内后，设置比例，这里以选择4:3为例，如图3-42所示。

图3-42 设置比例

步骤 5 风格选项中，选择"中国风"，如图3-43所示。

图3-43 选择画面类型

步骤 6 设置完成后单击页面下端的 ↑ 按钮,即可生成如图3-44所示的图片。

图3-44 生成图片

步骤 7 如果生成的图片并不完全符合你的期望,别担心,你可以根据想要添加的元素或改进的细节,重新调整提示词并再次尝试生成。豆包会根据新的指示为你重新创作更符合需求的图片。

比如,描述词改为:画面主体为连绵起伏的山脉,修饰以云雾缭绕,若隐若现，宛如仙境，山间溪流潺，清澈见底，映照着周围苍翠的竹林和古木参天。画面一角，古亭静立，檐角飞翘，尽显古朴典雅。远处，群山嶂，近处，翠竹青松相映成趣，共同勾勒出一幅静谧而深邃的中国山水画。整个画面色调和谐，色彩温润，充分展现出中国山水画的独特魅力和深厚底蕴。生成的图片如图3-45所示。

图3-45　生成优化后的图片

步骤 8　如果对生成的图片满意，选择想要下载的图片，单击页面右侧的"下载原图"按钮，就可以下载选择的图片了，如图3-46所示。

图3-46　下载图片

3.2.5 ▶ 实战：使用豆包生成道具图片

使用AI生成道具图片的制作要点在于明确需求、选择适当的AI模型、精细调整参数及后期优化。首先，明确道具的具体类型、风格和设计细节，以便为AI模型提供准确的指导。其次，根据需求选择合适的AI生成模型，如GANs（生成对抗网络）或VAEs（变分自编码器）等，它们各自擅长于不同的图像生成任务。接下来，通过调整模型的参数，如学习率、迭代次数和损失函数等，来优化生成图片的质量。最后，对生成的图片进行后期处理，如色彩校正、细节增强和背景融合等，以确保道具图片与实际使用场景相匹配并达到预期效果。本例将使用豆包生成一个宝剑道具，生成后的效果展示如图3-47所示。

图3-47　使用豆包生成的道具图片最终效果

使用豆包生成宝剑道具的操作步骤如下：

步骤 1 进入豆包的主页面，单击页面的"图像生成"选项，进入创作页面，如图3-48所示。

图3-48 单击"图像生成"按钮

步骤 2 输入描述。我们要生成一把宝剑，需要在文本输入框中输入关于宝剑的详细描述。

> **温馨提示**
>
> 对提示词有如下要求：
>
> 尽可能地突出独特性：在描述中强调宝剑的独特之处，如"千年精钢锻造""蜿蜒曲折的龙纹"等，以增强其个性化和吸引力。
>
> 运用修辞手法：使用比喻、拟人等修辞手法来丰富描述，如"冻结时间"的寒光，"诉说传奇故事"的龙纹，使描述更加生动和引人入胜。
>
> 注重细节描绘：对宝剑的各个部分进行详细的描绘，如剑身、剑柄、剑鞘等，让读者能够清晰地感受到宝剑的整体形象。
>
> 保持逻辑连贯：在描述中保持逻辑清晰，按照从整体到局部、从外到内的顺序进行描绘，使整个作品呈现出一种和谐统一的美感。

如果不知道怎么描述，可以借助DeepSeek，具体指令为"我正在使用豆包需要帮我生成宝剑道具，为了获得最佳的创作效果，我需要一组详细的场景描述词。请按照【画面主体描述+修饰词】的格式,为我生成一段不超过200字的描述。"DeepSeek生成的场景描述词如下所示。

> **DeepSeek生成的场景描述词:**
>
> 【画面主体描述+修饰词】:
>
> 画面主体为一柄古朴宝剑,剑身泛着幽幽蓝光,寒气逼人。剑格镶嵌着璀璨宝石,闪烁着神秘光泽。剑穗由细长流苏编织而成,随风轻轻摇曳,增添了几分灵动之感。宝剑置于青石之上,背景是一片幽深竹林,竹叶翠绿欲滴,光影斑驳,营造出一种静谧而深邃的氛围。宝剑周围,薄雾缭绕,如梦似幻,更显其超凡脱俗,仿佛蕴含无尽力量,等待着有缘人的唤醒。

步骤 3 设置参数。图片尺寸根据适用场景来进行设置,这里我们设置为1:1和1024×1024,数量设置为默认(4张);画面风格设置为"中国风",修饰词设置为"写实",如图3-49所示。

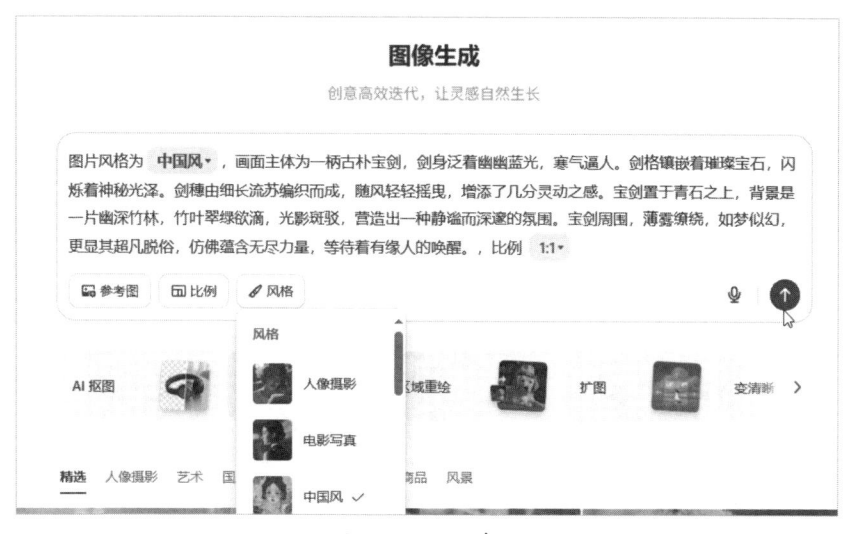

图3-49 设置参数

> **温馨提示**
>
> 当我们聚焦于古风宝剑时，参数细化应当侧重于历史的厚重感与文化的底蕴。剑身可以采用传统的锻造工艺，通过精细的打磨和雕刻，展现出古代工匠的精湛技艺。剑柄和剑鞘则可以融入古代元素，如龙纹、凤鸣等，彰显其尊贵与神秘。此外，古风宝剑的色彩和材质也需精心挑选，以呈现出古朴典雅的视觉效果。
>
> 对于现代写实风格的宝剑，参数细化则应当注重实用性和现代审美。剑身可以采用高强度合金材料，经过精密的机械加工和热处理，确保其在保持锋利度的同时，也具备足够的强度和韧性。剑柄和剑鞘的设计可以融入现代元素，如流线型造型、简约的线条等，以符合现代人的审美观念。此外，现代写实宝剑还可以加入一些创新性的设计元素，如智能感应系统、可调节重心等，以提升其实用性和科技感。
>
> 而对于科技感十足的宝剑，参数细化则需要突出未来主义的设计理念和高科技元素。剑身可以采用先进的纳米技术或复合材料制造，以实现超轻、超硬、超耐用的特性。剑柄和剑鞘则可以采用透明或半透明的材质，内置LED灯带或显示屏等，以展现出强烈的科技感。

步骤 4 生成宝剑道具图片。设置完成后，等待豆包根据描述和设置来生成宝剑道具的图像，如图3-50所示。

图3-50 生成宝剑道具图片

步骤 5 图像生成完成,可以在预览区域查看图片效果。如果对图片效果满意,单击"下载原图"按钮即可将选择的图片下载到电脑中,如图3-51所示。

图 3-51 下载图片

3.2.6 ▶ 实战:使用豆包生成场景图片

　　未来城市的概念本身就充满了无限的想象力和创新空间。通过豆包这样的工具,可以迅速将脑海中的概念转化为具体的图像,为设计师、建筑师或科幻作家提供宝贵的创意启发。

　　传统的手绘或建模方法可能需要花费大量的时间和资源来创建一个详细的未来城市场景。使用豆包这样的AI图像生成工具来生成未来城市的场景图片具有多种优势和价值,可以大大提高工作效率。本例将生成一个未来城市的场景图片,完成后的效果如图3-52所示。

图 3-52 使用豆包生成的场景图片最终效果

使用豆包生成未来城市的场景图片的操作步骤如下：

步骤 ① 进入豆包的主页面，单击页面的"图像生成"选项，进入创作页面，如图 3-53 所示。

图 3-53 单击"图像生成"按钮

步骤 ② 输入描述。在文本输入框中输入关于未来城市的详细描述词。尽量详细地描述城市的特征，比如建筑风格、环境氛围、交通方式、天空和光线等。

这里我们还是借助 DeepSeek 来生成提示词，具体指令"我正在使用豆包需要帮我生成一个未来城市的场景图片。为了获得最佳的创作效果，我需要一组详细的场景描述词。请按照【画面主体描述+修饰词】的格式，为我生成一段不超过200字的描述。"DeepSeek生成的场景描述词如下所示。

> **DeepSeek生成的场景描述词：**
> 画面主体是一座未来城市的天际线，高楼林立，错落有致。其中，一座超级摩天大楼尤为突出，闪耀着金属质感的银白色光辉，如同城市之光。街道上，自动驾驶的飞行器穿梭其间，留下一道道绚丽的光影轨迹。城市绿化带中，智能植物绽放着五彩斑斓的花朵，散发着清新的气息。整个城市在高科技与自然和谐共生的理念下，展现出一种未来感十足、生态环保、科技先进的壮观景象，令人叹为观止。

步骤 ③ 设置画面尺寸和风格。画面尺寸设置为1:1和1024×1024，在"画面风格"选项中设置风格为"赛博朋克"如图3-54所示。

图3-54 设置画面尺寸和风格

步骤 ④ 生成图片。设置完成后，豆包根据你的描述和选择来生成未来城市的场景图片，如图3-55所示。

图 3-55　生成图片

步骤 5 下载图片。图片生成后，可以在预览区域查看结果。如果满意，单击"下载"按钮将图片保存到电脑中。

> **温馨提示**
>
> 如果你希望更全面地展示未来城市的多样性和细节，可以选择生成更多的图片；如果你只是需要一个代表性的示例，那么生成较少的图片即可。

步骤 6 当你对生成的图片不满意时，可以利用平台提供的编辑功能进行二次修改。如果你觉得图片中的某个元素不够突出，或者想要增加图片的背景空间，可以使用"扩展"功能。单击图片上面的"扩图"按钮，如图 3-56 所示。

图 3-56　单击"扩图"按钮

步骤 7 进入扩图页面,选择扩图尺寸并单击"按新尺寸生成图片"按钮,如图3-57所示。

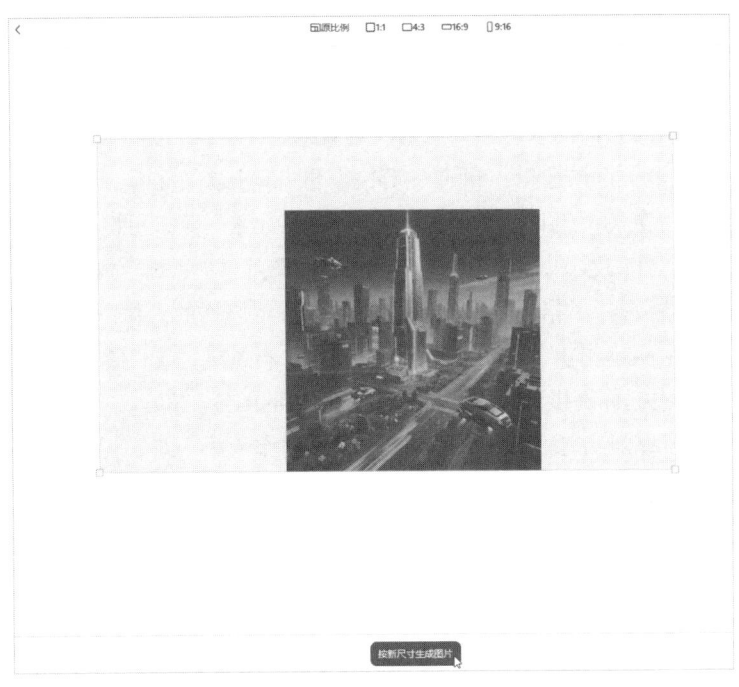

图3-57 单击"按新尺寸生成图片"按钮

步骤 8 系统可以根据你选择的区域,智能地扩展图片的边缘,使画面更加宽广,如图3-58所示。

图3-58 扩图效果

3.2.7 ▶ 实战：使用即梦AI生成现代人像图片及数字人口播视频

使用即梦AI生成现代人像图片的方法主要包括以下几个步骤：

步骤 1 文本描述：首先，明确你想要生成的人像图片的具体特征，包括人物的性别、年龄、表情、姿势、服装等。使用准确的描述性词汇，并结合适当的修饰词来增强图片的视觉效果。

步骤 2 关键词选择：在输入文本描述时，注意关键词的选择和使用。通过添加特定的关键词，如"现代感""时尚元素"等，可以帮助即梦AI更好地理解你的意图，并生成更符合要求的图片。

步骤 3 图片风格：如果想要生成具有特定风格的人像图片，可以在文本描述中明确指出，例如"油画风格""水彩风格"或"摄影风格"等。即梦AI会根据你提供的风格描述来生成相应的图片。

掌握了基础方法后，就已经迈出了AI创作的第一步，但要真正打造出令人惊艳的专业级作品，还需要更深入的技巧和策略：

（1）临摹学习：参考已有的图片或他人生成的图片进行临摹学习，有助于理解如何描述和生成类似的图片。

（2）细节描述：除了主要特征外，还可以加入一些细节描述，如"精致的妆容""时尚的配饰"等，以增加图片的丰富性和吸引力。

（4）尝试不同视角：通过改变人物的视角和拍摄角度，可以创造出不同视觉效果的人像图片。

（5）迭代优化：如果生成的图片不符合预期，可以根据反馈结果进行迭代优化。尝试调整文本描述、关键词选择或图片风格等参数，以获得更满意的结果。

综上所述，使用即梦AI生成现代人像图片需要明确需求、选择合适的关键词和风格、运用技巧进行创作，并通过迭代优化不断改进。本例将生成一张现代人像图片，效果如图3-59所示。

图 3-59 使用即梦 AI 生成的现代人像图片最终效果

使用即梦 AI 生成现代人像的操作步骤如下：

步骤 ❶ 登录账号。登录即梦 AI 的官方网站，进入首页，选择"AI 作图"模式，如图 3-60 所示。

图 3-60 进入"AI 作图"界面

为了引导 AI 生成符合我们心意的图像，我们需要精心构思并输入图片的描述词。换种表达方式，我们可以称之为"图片主题词"或"创作指导语"。这些词汇将作为AI生成图像的灵感来源和指导方向，帮助AI捕捉并呈现出我们期望的画面效果。因此，在输入描述词时，我们需要尽量具体、明确地表达我们的需求和期望，以便AI能够更准确地理解并生成我们想要的图像。

步骤❷ 填写提示词。当我们不确定如何填写图片描述词时，确实可以采用"画面主体+修饰词"的形式来构思，并利用DeepSeek这样的AI助手来协助我们。以本案例要求为例，如果要在DeepSeek中请求帮助生成描述词，我们可以向DeepSeek提问：

"我想通过即梦AI来创作一幅现代人像作品。请DeepSeek为我生成一组符合即梦AI绘图要求的场景描述词，确保采用【画面主体描述+修饰词】的格式，字数控制在200字以内。描述词应突出人像的现代感，可以包括环境氛围、光线效果、人物表情等方面的细节。"

这样的请求能够更明确地指导DeepSeek生成符合我们需求的描述词，从而帮助我们更好地在即梦AI中创作现代人像作品。DeepSeek生成的场景描述词如下所示。

> ❤ **DeepSeek生成的场景描述词：**
>
> 【画面主体描述】
>
> 一位都市青年侧身站立，身穿剪裁利落的雾霾蓝西装，内搭简约白衬衫，手持半杯冰美式，背景是模糊的霓虹街景与玻璃幕墙的反光。
>
> 【修饰词】
>
> 冷调光影交错，霓虹灯牌散射出玫红与钴蓝的光斑，人物面部轮廓被侧逆光勾勒，眼神疏离却带一丝笑意。发丝微微凌乱，镀上一层金属质感的高光；咖啡杯壁凝结水珠，增强画面呼吸感。背景采用低饱和度虚化，突出人物立体感，现代建筑的几何线条与人像形成柔硬对比。

进入即梦AI的"AI作图"页面，选择"图片生成"，输入场景描述词，如图3-61所示。

步骤 3 设置参数。设置图片的参数，如生图模型、图片比例等，完成所有的设置后，单击"立即生成"按钮，如图3-62所示。

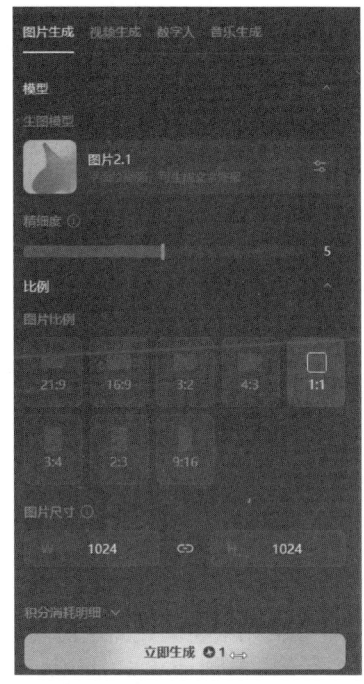

图3-61 输入场景描述词

图3-62 设置参数

步骤 5 生成图片。即可生成如图3-63所示的图片。

图3-63 生成图片

即梦AI推出的数字人口播视频生成器，依托前沿的AI语音合成、自然语言处理与3D虚拟人技术，为用户提供高效、低成本的数字人视频制作解决方案。通过该技术无须专业设备或演员，只需输入文案，即可生成表情自然、语音流畅的虚拟人口播视频，广泛应用于企业宣传、电商带货、教育培训、新闻播报等场景。

核心功能亮点：
- 多风格数字人可选：提供商务、亲和、科技感等不同形象的虚拟主播，支持自定义服装、背景。
- AI智能配音：支持多种语言及方言，情感化语调调节，让播报更具感染力。
- 一键生成、快速剪辑：内置模板和素材库，分钟级产出高清视频，支持字幕、特效一键添加。
- 低成本高效率：相比传统拍摄，节省90%以上时间和预算，轻松实现批量制作。

即梦AI以"让创作更简单"为目标，助力个人与企业高效输出优质视频内容。

继续使用上述生成的现代人像为例，可迅速生成数字人口播视频。

步骤6 返回即梦AI的首页，选择"AI作图"模式，进入"AI作图"页面，选择"数字人"模式，如图3-64所示。单击"导入角色图片/视频"按钮，上传前面生成的现代人像图片。

步骤7 设置视频参数，如生成效果、文本、朗读音色、说话数字等，设置后单击"生成视频"按钮，如图3-65所示。

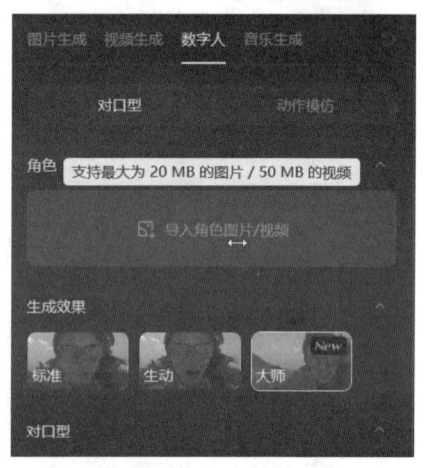

图3-64　进入"数字人"界面

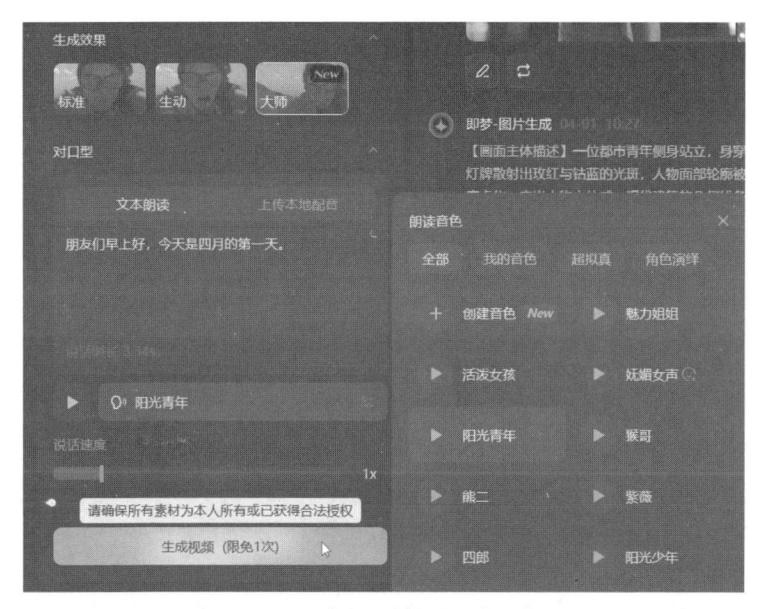

图 3-65　单击"生成视频"按钮

步骤 8　系统自动根据需求生成数字人口播视频，如图 3-66 所示。

图 3-66　数字人口播视频

3.2.8 ▶ 实战：使用即梦AI生成漫画人像

即梦AI是一款智能AI绘画工具，能够根据文字描述快速生成高质量的漫画风格人像。它支持多种艺术风格，如日漫、美漫、写实卡通等，用户无须专业绘画技能，只需输入简单的关键词（如"少女、粉色头发、学院风"），即可获得独特且精美的作品。无论是用于社交头像、插画创作，还是个性化设计，即梦AI都能帮你轻松实现创意。

如何使用即梦AI生成漫画人像的具体步骤如下：

步骤 1 登录即梦AI官网，进入主页，选择"AI作图"模式，如图3-67所示。

图3-67 进入AI作图页面

步骤 2 首先需要输入图片的描述词。若您不确定如何描述，可以采用【画面主体+修饰词】的组合方式。这里还是利用DeepSeek工具来辅助。

向DeepSeek提问："请协助我构思一个漫画人像的场景描述，使用即梦AI进行绘图。描述需包含画面主体（如人物、场景等）和适当的修饰词，以体现漫画风格，并确保整体描述不超过200字。"DeepSeek生成内容如下所示。

第3章 AI生成短视频素材图片

❤ **DeepSeek生成的场景描述词:**

　　画面中央是一位活力四射的少女，身穿宽松的街头风卫衣和破洞牛仔裤，手持喷漆罐，站在涂鸦墙前。她扎着高马尾，发梢挑染亮蓝色，眼神自信顽皮，嘴角扬起俏皮的微笑。背景是充满艺术感的城市巷弄，墙面布满夸张的漫画风格涂鸦，色彩对比鲜明。光线从侧面斜照，拉长她的影子，增添动态感。整体风格结合日漫的细腻线条和美漫的强烈对比，突出青春不羁的个性。

步骤❸ 输入描述词，如图3-68所示。

步骤❹ 设置其他参数，单击页面下方的"立即生成"按钮，如图3-69所示。

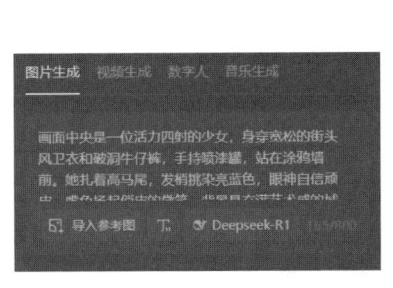

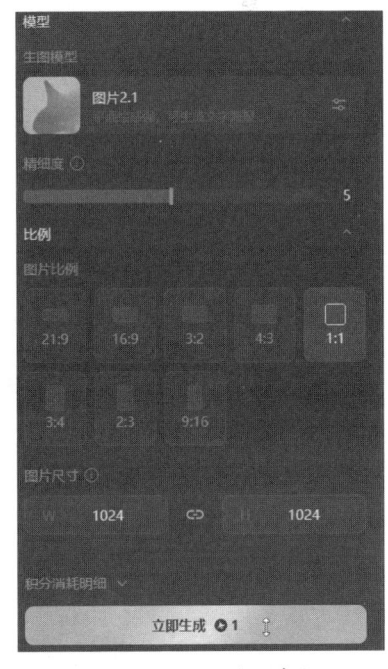

图3-68　输入描述词　　　　图3-69　设置其他参数

步骤❺ 完成设置后，系统就会根据我们的设置开始生成图片，如图3-70所示。

图 3-70　生成图片

步骤 ⑥ 成功生成图片后,如果对生成的图片感到满意并希望全部使用,将图片全部下载即可。

3.2.9 ▶ 实战:使用即梦 AI 生成证件照

使用即梦 AI 制作证件照,其优势显著。它不仅快速便捷,几步操作即可产出合规照片;而且质量上乘,通过先进的图像处理技术确保清晰自然;更有多样化样式和尺寸选择,适应不同证件需求;操作简单直观,无须专业知识,轻松上手。尽管即梦 AI 主要用于创意图片生成,但也能辅助制作证件照背景与人物,只需适当编辑即可达到标准。本例将使用即梦 AI 生成证件照,效果如图 3-71 所示。

图 3-71　使用即梦 AI 生成证件照的最终效果

使用即梦AI生成证件照图片的步骤如下:

步骤 1 登录即梦AI官网,单击进入"AI作图"页面,如图3-72所示。

图3-72 单击进入"AI作图"页面

步骤 2 输入描述词。这里使用DeepSeek来生成适合即梦AI绘图要求的证件照场景描述词,且字数不超过200字时。向DeepSeek提问:"请协助我创作一组简洁而精准的证件照场景描述词,以适用于即梦AI的图像生成。我希望画面主体为清晰的正面人脸,背景干净无杂物,色彩自然且光线均匀。请添加适当的修饰词以强调人像的正式感和清晰度,同时确保整体描述简洁明了,不超过200字。"

这样的提问既明确了需求(生成证件照的场景描述词),又给出了具体的画面主体(正面人脸)和背景要求(干净无杂物),还提到了修饰词的方向(正式感和清晰度),且满足了字数限制。DeepSeek生成的文字内容如下所示,将其输入文本框里,如图3-73所示。

> **DeepSeek生成的场景描述词:**
> 　　清晰正面人像,表情庄重自然。背景洁净无瑕,色彩和谐自然。光线柔和均匀,确保面部细节清晰可见。人像轮廓鲜明,五官立体分明,凸显正式感与清晰度。整体画面简洁明了,完美呈现证件照的标准与要求。

步骤 3 设置画面清晰度、比例、尺寸,如图3-74所示。

图 3-73 输入描述词   图 3-74 设置画面清晰度、比例、尺寸

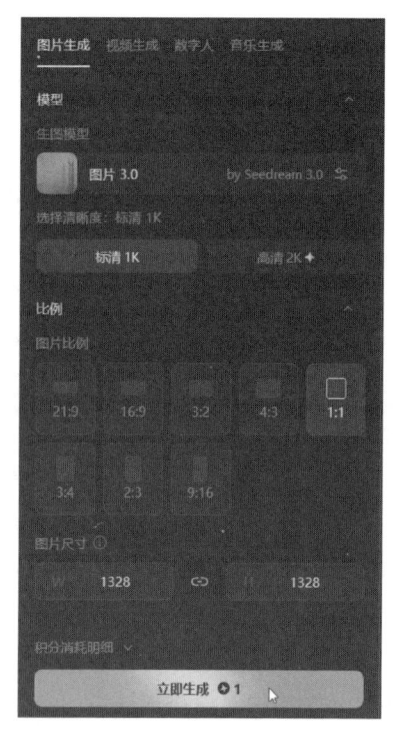

步骤 ④ 生成图片。设置完成后，单击页面下端的"立即生成"按钮，即可生成如图 3-75 所示的图片。

图 3-75 生成图片

步骤 ⑤ 如果我们对生成的证件照不满意，可以修改描述词并重新生

成。比如，尝试添加服装配饰让人像更丰富，系统自动匹配提示词，如图3-76所示。

图3-76 修改描述词并重新生成

步骤 6 系统根据提示词生成新的照片，如图3-77所示。

图3-77 生成照片

步骤 7 当然如果对生成的证件照不满意，还可以进行编辑，如果满意就下载保存到电脑中。

第 4 章

AI 文案生成短视频

在数字化时代,短视频已成为信息传播的重要载体。随着人工智能技术的飞速发展,AI 文案生成短视频已成为一种新兴的创作方式。

本章以实战操作为主导,旨在教授大家如何利用"剪映""一帧秒创"及"腾讯智影"等工具,将文本快速转化为引人入胜的短视频。通过精心设计的实战任务,大家将学会如何利用"图文成片""文章链接""剪同款"等功能,轻松打造风格多样的短视频作品。此外,我们还将深入探讨"剪映 AI 作图"与"文本朗读"的巧妙结合,以及如何利用"一帧秒创"和"腾讯智影"的强大功能,进一步提升视频创作的效率与质量。

4.1 使用"剪映"将文本内容生成视频

使用剪映App将文本内容生成视频,是一种高效且富有创意的多媒体创作方式。用户只需在剪映中导入文本,借助其丰富的字体、样式和动画效果,就能轻松为文字增添动态魅力。同时,剪映还提供了丰富的素材库,包括音乐、图片和视频背景,让文本内容更加生动有趣。剪映App的操作简单直观,无须具备专业技能,即可快速将文本转化为引人入胜的视频作品。

4.1.1 实战1:使用"图文成片"功能生成视频

剪映的"图文成片"功能基于文本和图片的智能匹配与组合。用户输入文案后,该功能会依据文案内容自动匹配或推荐相关的图片素材,并通过内置的模板和算法将文本和图片结合生成视频。视频中的图片通常与文本内容紧密相关,以增强视频的视觉效果和传达力。此外,该功能还可自动添加背景音乐、朗读声音等元素,以丰富视频的表现力。

步骤 ① 打开剪映App,点击页面上方的"图文成片"按钮,如图4-1所示。

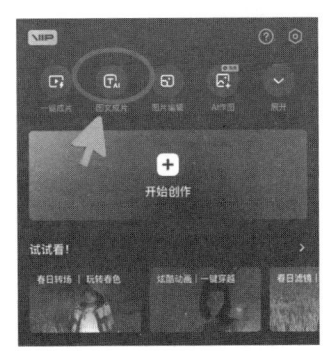

图4-1 点击"图文成片"按钮

步骤 ② 进入"图文成片"页面,这里有两种文案生成方式。

（1）如果提前准备好了文案，则选择"自由编辑文案"方式。进入文案编辑页面，可以将文案直接粘贴进去，也可以输入文案内容，如图4-2所示。

（2）如果没有准备好文案，则选择"智能写文案"方式。在下面选择文案类型，比如选择"旅行感悟"选项进入相应页面，在页面中选择旅行地点并输入话题，选择视频时长，如图4-3所示。

图4-2 "自由编辑文案"方式　　　图4-3 "智能写文案"方式

步骤 ③ 设置好时长后，点击页面下方的"生成文案"按钮，自动生成文案，生成结果如图4-4所示。

步骤 ④ 当然，我们可以对生成的文案进行调整和修改。点击"编辑"按钮，进入编写页面，然后点击页面右上角的"应用"按钮，弹出"请选择成片方式"选项，如图4-5所示。

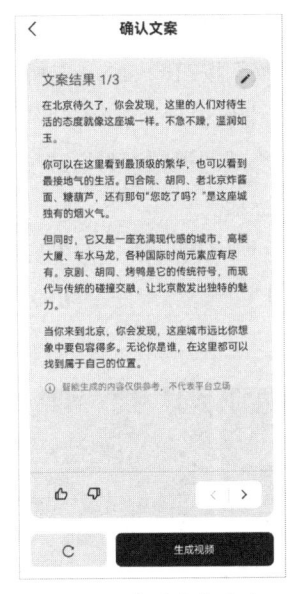

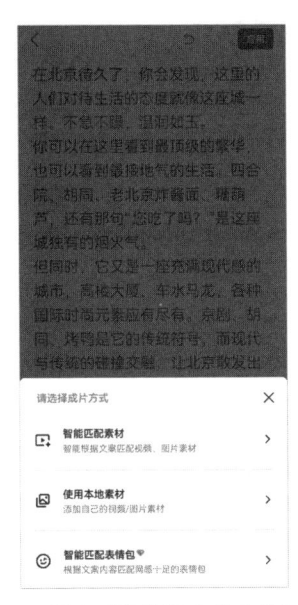

图 4-4 自动生成文案　　　　图 4-5 弹出"请选择成片方式"选项

成片方式有以下3种。

（1）智能匹配素材，即根据文案匹配图片和视频。

（2）使用本地素材，即使用自己设备上与文案匹配的图片和视频。

（3）智能匹配表情包，即根据文案匹配表情包。

步骤 ❺ 选择成片方式之后（这里以"智能匹配素材"为例进行讲解），系统开始自动生成视频，如图4-6所示。

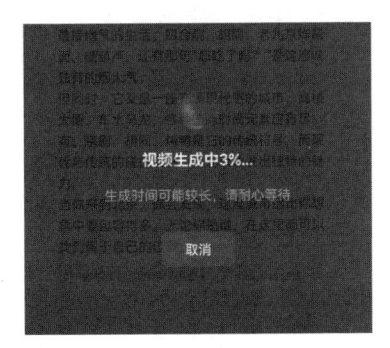

图 4-6　系统自动生成视频

步骤 6 生成视频后,如果发现图文不对应需要调整,可以在视频时间线上点击想要调整的图片,然后点击"替换"按钮,如图4-7所示。

步骤 7 如果想要使用自己设备上的图片和视频,选择"照片视频"选项;如果使用网络素材,选择"图片素材"或"视频素材"选项,然后选择需要替换的图片或视频即可,如图4-8所示。

步骤 8 点击左上角的"关闭"按钮■返回编辑页面,如果要编辑视频中的文字内容,点击时间线上需要修改的文字,点击左下角的"编辑"按钮进入编辑页面,如图4-9所示。

图4-7 点击"替换"按钮　　图4-8 选择需要替换的图片或视频　　图4-9 修改文字

步骤 9 这时在输入框中可以编辑文字,包括设置字体、样式、花字等。编辑完成后,点击输入框右侧的"确认"按钮■即可保存修改的内容,如图4-10所示。

步骤 10 图文修改完成并保存之后,点击"播放"按钮▶预览效果,预览无误后,点击右上角的"导出"按钮即可完成本实战的操作,如图4-11所示。

图 4-10　保存修改内容　　　　图 4-11　导出视频

4.1.2 ▶ 实战 2：使用"文章链接"生成视频

　　剪映中的"文章链接"生成视频功能，允许用户通过输入或粘贴特定文章（目前主要支持头条 App 中的文章）的链接，自动提取文章中的文字内容，并将其转化为视频。这一功能极大地简化了视频制作流程，即使不具备专业视频编辑技能的用户也能轻松制作出高质量的视频内容。

　　剪映中的"文章链接"生成视频功能是一种高效、便捷的视频制作方式，但在使用时要注意以下几点。

- 文章来源限制：目前，剪映的"文章链接"生成视频功能主要支持头条 App 中的文章链接。对于其他来源的文章链接，可能无法直接识别和提取内容。
- 内容质量：虽然剪映会自动为文章匹配背景、音乐等元素，但用户仍然需要根据自己的需求和喜好进行调整和优化。例如，可以修改视频的时长、添加字幕、调整背景音乐等。

- 版权问题：在使用文章链接生成视频时，请确保文章内容的版权归属清晰且已获得授权。避免侵犯他人的知识产权或造成法律纠纷。

使用"文章链接"生成视频的操作流程如下：复制文章链接→打开剪映App→进入"图文成片"功能→粘贴链接或自定义输入→生成视频→导出视频。具体操作步骤如下。

步骤 ① 复制文章链接。一般在文章的右上或下面有分享图标，点击图标，选择"复制链接"即可，如图4-12所示。

步骤 ② 打开剪映App，在主页面中点击"图文成片"按钮，进入"图文成片"页面，如图4-13所示。

步骤 ③ 在"图文成片"页面中，点击"自由编辑文案"按钮，如图4-14所示。

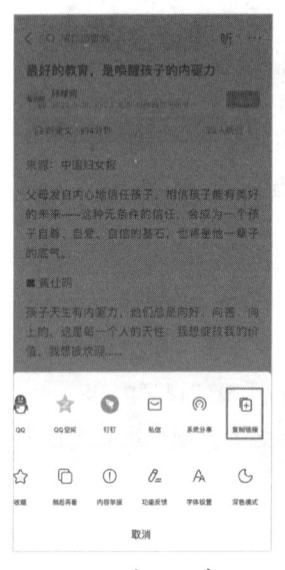

图4-12　复制文章链接　　　图4-13　进入"图文成片"页面　　　图4-14　点击"自由编辑文案"按钮

步骤 ④ 进入编辑页面，点击页面中的链接小图标，然后把之前复制

第 4 章 AI 文案生成短视频

的文章链接粘贴到输入框中，如图 4-15 所示。

步骤 5 粘贴好链接之后，点击"获取文案"按钮，如图 4-16 所示。

步骤 6 获取文案之后，可以进行调整和修改，完成后点击右上角的"应用"按钮，如图 4-17 所示。

图 4-15　把文章链接粘贴到输入框中

图 4-16　点击"获取文案"按钮

图 4-17　点击右上角的"应用"按钮

步骤 7 选择成片方式。选择"智能匹配素材"选项，这样系统会根据文案内容生成所匹配的图片视频，如图 4-18 所示。如果想要使用自己设备上的图片，选择"使用本地素材"选项。

图 4-18　选择"智能匹配素材"选项

步骤 ⑧ 选择"智能匹配素材"选项之后即可等待自动生成视频，生成的视频如图4-19所示。

步骤 ⑨ 视频生成之后，如果发现图文不对应，可以进行调整。在时间线上点击想要调整的图片，然后点击左下角的"替换"按钮，如图4-20所示。

步骤 ⑩ 如果想要使用自己设备上的图片，则选择"最近项目"选项；如果使用网络素材，则选择"图片素材"选项进行搜索。图片调整好之后，点击左上角的"关闭"按钮 返回，如图4-21所示。

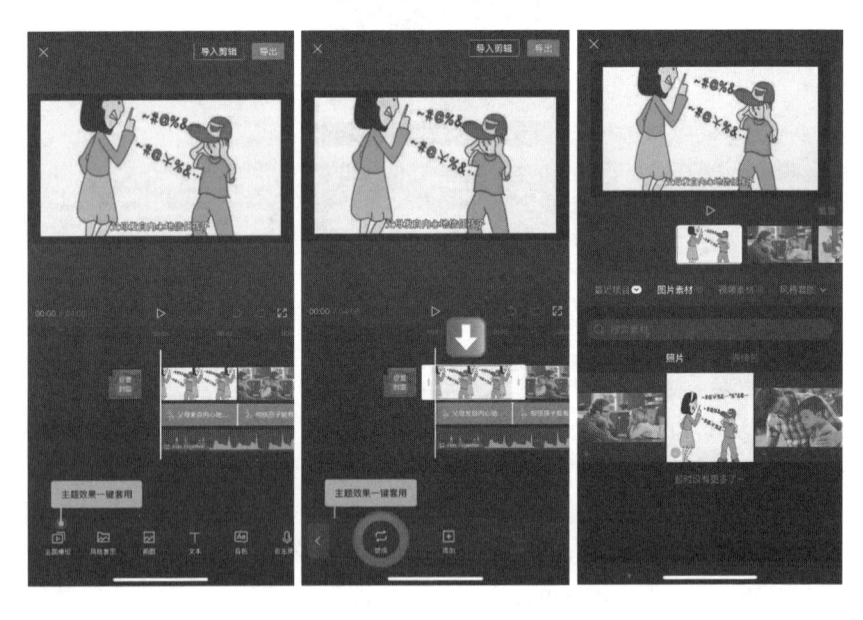

图4-19 自动生成的视频　图4-20 点击"替换"按钮　图4-21 替换图片

步骤 ⑪ 如果要调整文案，则点击想要调整的文案，点击左下角的"替换"按钮，如图4-22所示。

步骤 ⑫ 在输入框中，可以设置文案的字体、样式、花字等，设置好以后点击输入框右侧的"确认"按钮 ，如图4-23所示。

步骤 ⑬ 所有操作完成后，点击"播放"按钮 预览视频，预览无误后，点击右上角的"导出"按钮，将视频导出保存，如图4-24所示。

图 4-22　点击 "替换" 按钮　　图 4-23　设置文案的　　图 4-24　将视频导出保存
　　　　　　　　　　　　　　　　　　字体、样式、花字

4.1.3 ▶ 实战 3：使用 "剪同款"（预设模板）快速生成节日贺卡视频

　　"剪同款" 是剪映 App 中的一个特色功能，它允许用户通过选择预设的模板，快速生成具有特定风格和主题的视频。这些模板涵盖了生活记录、旅行、美食、节日等多种场景，用户只需导入自己的素材，即可轻松制作出与模板风格一致的视频。

　　步骤① 打开剪映，点击页面中的 "剪同款" 按钮，如图 4-25 所示。

　　步骤② 进入 "剪同款" 页面，在最上面的搜索框中搜索想要的视频模板，如图 4-26 所示。

　　步骤③ 本例以 "节日贺卡" 模板为例进行演示，搜索合适的节日贺卡模板，点击需要的模板，如图 4-27 所示。

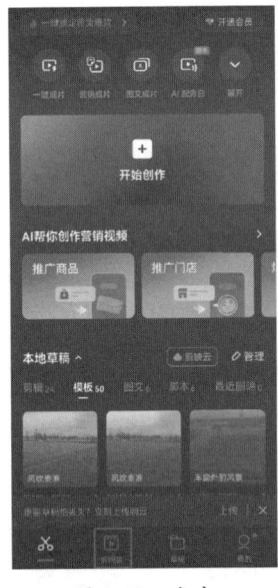

图 4-25 点击 "剪同款"按钮

图 4-26 搜索框

图 4-27 搜索合适的节日贺卡模板

步骤 ④ 进入"模板预览"页面，预览模板效果，如果满意就点击页面中的"剪同款"按钮，如图 4-28 所示。

步骤 ⑤ 跳转到"照片视频"选择页面，选择想要嵌入模板的照片或视频，然后点击"下一步"按钮，等待视频自动生成，如图 4-29 所示。

步骤 ⑥ 视频生成后可以点击"播放"按钮▶预览视频效果，如果对生成的视频不满意，可以点击页面下方的"视频"按钮█或"文本"按钮T进行编辑修改，如图 4-30 所示。

图 4-28 点击"剪同款"按钮

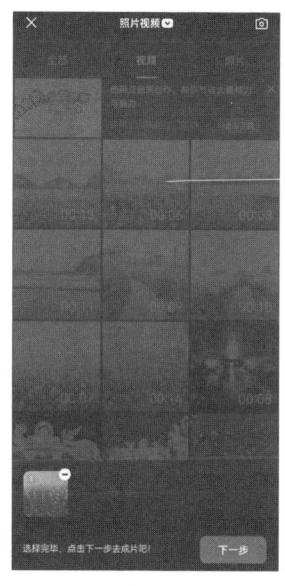

图4-29 "照片视频"选择页面

图4-30 预览视频效果并对视频或文本进行编辑修改

步骤 7 修改完成后,点击右上角的"导出"按钮,在弹出的"导出设置"窗口中设置分辨率(分辨率越高,视频越清晰,一般选择1080p),如图4-31所示。

步骤 8 设置完成后,点击"保存"按钮 即可自动将视频保存到剪辑设备上;如果点击"无水印保存并分享"按钮,则会直接跳转到抖音App的发布视频页面,如图4-32所示。

图4-31 选择分辨率

图4-32 保存或发布视频

4.1.4 ▶ 实战4：使用"AI作图"与"文本朗读"功能制作视频

剪映是一款功能强大的视频编辑软件，它凭借丰富的功能和便捷的操作吸引了大量用户。在剪映中，AI绘画与文本动态展示是两个非常实用的功能，它们能够为视频制作增添更多的创意和动态效果。以下是对这两个功能的详细介绍。

（1）AI绘画功能。

- 智能绘图：剪映的AI绘画功能采用了先进的技术，可以根据用户输入的文字描述，自动匹配相应的绘画元素，生成独有的绘画作品。这一功能大大降低了绘画创作的门槛，让更多人可以轻松上手，享受绘画创作的乐趣。
- 一键生成：用户只需输入简单的文字描述，剪映便能自动生成与描述相符的绘画作品。这一功能不仅节省了用户的时间和精力，还提供了丰富的创作可能性。

（2）文本动态展示功能。

- 文字编辑：在剪映中，用户可以轻松添加文字到视频中。通过选择剪映提供的各种文字模板或自定义文字样式，用户可以创建出符合视频风格的文字内容。
- 动态效果：为了让文字更加生动有趣，剪映提供了多种动画效果供用户选择。例如，"跳动""闪烁""缩放"等动画效果，可以让文字在视频中呈现出动态的变化，增强视频的视觉效果。
- 自定义设置：用户可以自定义文字的字体、颜色、大小等属性，以满足不同的视频风格需求。同时，还可以调整动画的时长、速度和强度等参数，以实现更加自然的动态效果。
- 配合视频节奏：在制作过程中，用户可以根据视频的节奏和背景音乐来设置文字的动画效果，使文字与视频内容更加协调一致。

将AI绘画与文本动态展示功能相结合，可以创作出更加丰富多彩的视频作品。例如，可以使用AI绘画功能生成独特的背景或元素，然后添加动态文字来展示视频的主题或内容。这样的组合不仅提升了视频的视觉效果,还增加了观众的观看体验。

下面将使用"AI作图"与"文本朗读"功能制作视频,具体操作步骤如下。

步骤 1 打开剪映App,点击"AI作图"按钮,进入创作页面,如图4-33所示。

步骤 2 在创作页面的输入框中输入或粘贴描述生成图片的文字(本例以唐代诗人王之涣的《登鹳雀楼》为例进行演示),然后点击"立即生成"按钮即可生成图片,如图4-34所示。

图4-33 点击"AI作图"按钮

图4-34 生成图片

温馨提示

描述要尽量详细,从大体到细节。可以增加一些关于画面质感的词汇,比如"高清""4k"等。如果想要写实的风格,可以加入"真人""立体"等词汇;如果想要动漫风格,则加入"二次元""漫画"等描述。再根据生成的图片效果调整关键词,想修改什么地方就补充与其相关的描述。

步骤 ③ 如果对生成的图片不满意,可以点击"再次生成"按钮重新生成,得到想要的图片效果;也可以点击"重新编辑"按钮,对描述生成图片的文字进行修改。另外,点击输入框下的"添加图片"按钮,可以从相册中选择要添加的素材,如图4-35所示;点击"设置"按钮可以对AI细节参数进行设置,设置比例为1:1,精细度为30,如图4-36所示。

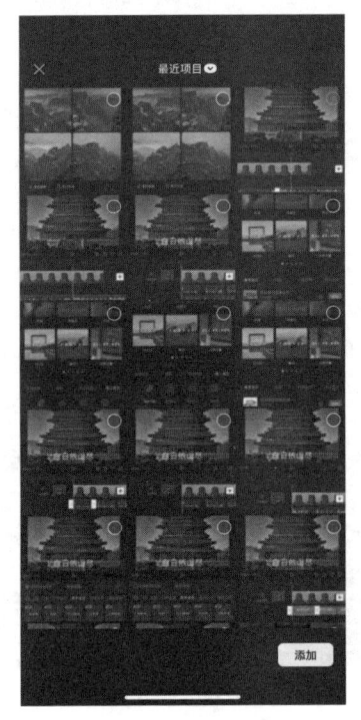

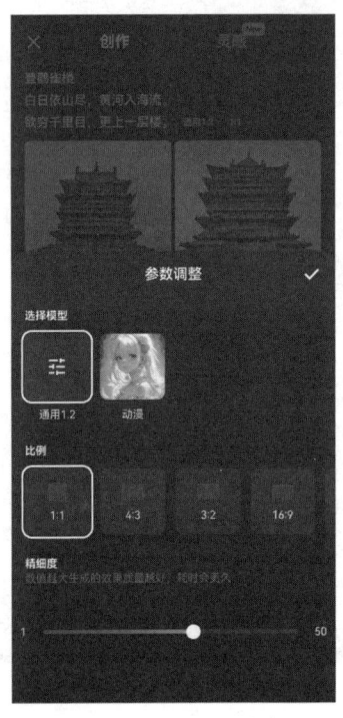

图4-35 添加图片　　　　图4-36 设置AI细节参数

步骤④ 返回创作页面，选中需要导出的图片，点击页面下方的"细节重绘"按钮对图片进行细节重绘，如图4-37所示。

步骤⑤ 得到满意的效果之后，点击页面右上角的"导出"按钮，如图4-38所示。

步骤⑥ 导出图片之后，点击页面右上角的"完成"按钮，返回到剪映首页，如图4-39所示。

图4-37 细节重绘　　图4-38 导出图片　　图4-39 点击"完成"按钮

步骤⑦ 在剪映首页点击"开始创作"按钮，导入刚刚由AI生成的图片，如图4-40所示。

步骤⑧ 进入视频编辑页面，点击"文本"按钮，如图4-41所示。

步骤⑨ 进入文本编辑页面，点击"新建文本"按钮，依次输入文本内容，如图4-42所示。

图 4-40 导入AI生成的图片　　图 4-41 点击"文本"按钮　　图 4-42 输入文本内容

步骤 ⑩ 在轨道上选中需要朗读的文本，点击"文本朗读"按钮，如图 4-43 所示。

步骤 ⑪ 在弹出的文本朗读页面，选择合适的音色，同时选中"应用到全部文本"复选框，然后点击"确定"按钮✓保存返回，如图 4-44 所示。

步骤 ⑫ 点击"播放"按钮▶预览效果，如果需要修改，依照前面介绍的方法进行修改，如果配音无误则点击左下角的返回键返回主编辑页面。

步骤 ⑬ 在主编辑页面中，依次点击"音频"→"音乐"按钮，进入音乐选择页面，软件会为我们自动推荐一些音乐，

图 4-43 点击"文本朗读"按钮

可以点击音乐进行试听，符合需要就可以点击"使用"按钮，如图4-45所示。

步骤⑭ 音乐选好之后返回音频剪辑页面，如果有多余的音乐和画面，可以使用分割工具对其进行分割，然后选中多余的音乐或画面，点击"删除"按钮将其删除，如图4-46所示。

图4-44 选择合适的音色　　图4-45 添加音乐　　图4-46 删除多余的音乐

步骤⑮ 点击"播放"按钮▶预览视频效果，无误后点击右上角的"导出"按钮即可完成整个视频制作过程。

4.2 使用"一帧秒创"将文本内容生成视频

"一帧秒创"（也称"秒创"）是一款智能视频制作工具，凭借先进的AI技术，能轻松地将文本内容转化为生动有趣的视频。无论是个人创作者还是企业营销人员，均可利用此工具快速生成高质量的视频内容，进而提升视频传播效果和品牌影响力。以下是使用一帧秒创将文本内容转化为视频的详细步骤。

步骤 1 打开"一帧秒创"创作平台,在首页的"智能创作工具"栏中选择"文字转视频"选项,如图4-47所示。

图4-47 选择"文字转视频"选项

步骤 2 进入"图文转视频"页面,输入文案标题和正文,单击"下一步"按钮,如图4-48所示。

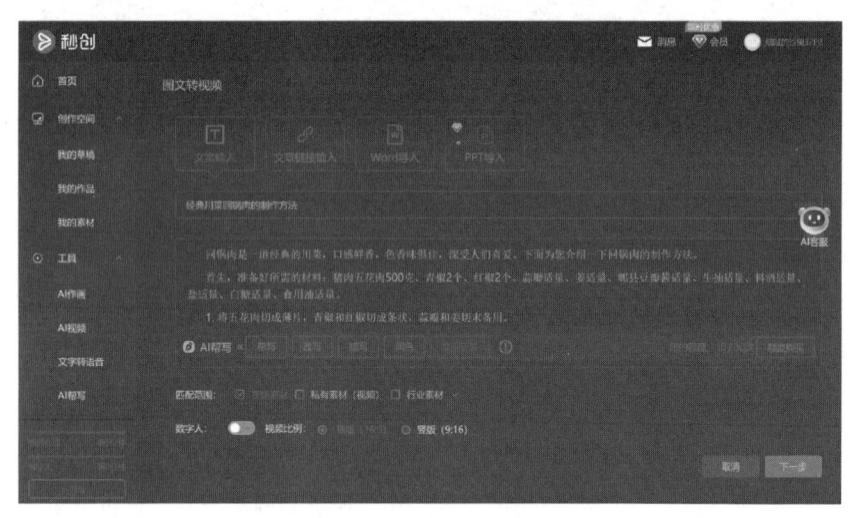

图4-48 输入文案标题和正文

步骤 3 一帧秒创利用先进的AI技术,自动将文本内容转换成视频,如图4-49所示。在"场景"模式下,选择播放段落,单击"播放"按钮▶可以实时预览生成的视频,并根据需要进行调整,比如AI帮写文案、替换素材、插入文本或素材、读音调整等。同时,通过一帧秒创还可以为视频设置数字人讲解、音乐、配音、Logo、字幕、背景等。

图4-49 生成视频

步骤 4 完成对视频的各项设置以后,单击页面上方的"预览"按钮,预览最终的视频效果,如图4-50所示。

图4-50 预览最终的视频效果

步骤 5 如果对视频效果满意，就单击"生成视频"按钮，跳转到"生成视频"页面，确认视频标题，并上传或选择视频封面，完成后单击"生成视频"按钮，如图4-51所示。

图4-51 "生成视频"页面

步骤 6 系统自动返回"创作空间"对视频进行最后的转码操作。视频创作完成以后可以在"创作空间"→"我的作品"中进行查看，单击"下载视频"按钮即可将视频保存到本地，如图4-52所示。

图4-52 下载视频

第 4 章 AI 文案生成短视频

> **温馨提示**
>
> 　　除下载视频外,一帧秒创还提供了多种分享方式,比如通过微信将视频分享到朋友圈或直接发送给好友。

4.3 使用"腾讯智影"将文本内容生成视频

　　为帮助用户轻松实现文本到视频的转换,腾讯推出了"腾讯智影"这一智能视频创作工具。用户只需简单地将文本内容输入系统中,腾讯智影即可自动生成富有创意和吸引力的视频。无论是娱乐资讯、文章总结还是其他类型的内容,腾讯智影都能为用户提供一站式的视频创作体验,让视频制作变得更加简单、快捷和高效。以下是使用腾讯智影将文本内容生成视频的详细步骤。

步骤 ① 打开"腾讯智影"创作平台,在"智能小工具"模块中,选择"文章转视频"功能,如图4-53所示。

图4-53　选择"文章转视频"功能

步骤 ② 进入"文章转视频"页面,在输入框中输入文章主题,然后单击"AI创作"按钮,如图4-54所示。

图4-54 使用AI创作短视频文案

步骤 3 系统通过AI自动生成一篇关于云南旅行的Vlog短视频文案,如图4-55所示。如果对文案内容不满意,可以在输入框中输入修改意见,利用AI进行二次创作,直至满意为止。

图4-55 系统通过AI自动生成的短视频文案

第4章 AI文案生成短视频

步骤④ 文案生成后，选择成片类型，单击"确定"按钮，如图4-56所示。

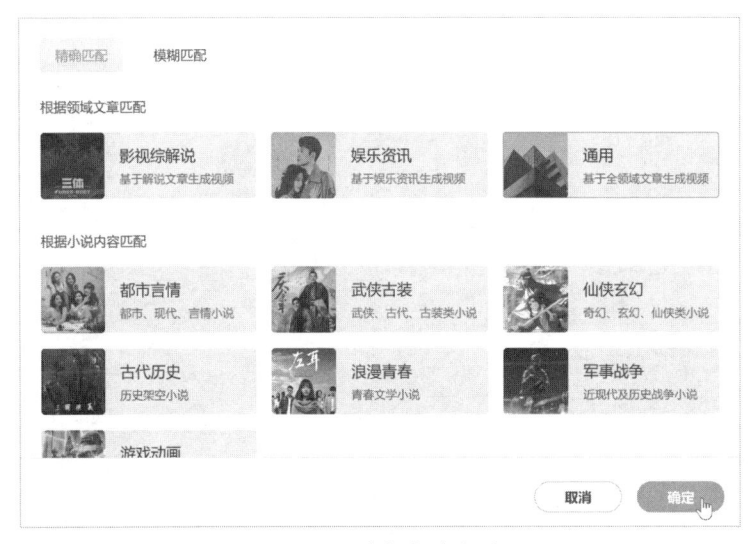

图4-56 选择成片类型

步骤⑤ 返回"文章转视频"页面，设置视频比例、背景音乐、数字人播报等，然后单击"生成视频"按钮，如图4-57所示。

图4-57 单击"生成视频"按钮

133

步骤 6 系统生成视频后，会自动跳转至视频编辑页面，单击"播放"按钮预览视频效果，若预览无误，单击页面上方的"合成"按钮，如图4-58所示。

图4-58 单击"合成"按钮

步骤 7 进入"合成设置"页面，根据需要对视频进行合成设置，完成后单击"合成"按钮，系统便会开始视频的最终合成，如图4-59所示。

图4-59 进行合成设置

步骤 8、合成好的视频可以在腾讯智影"我的资源"中进行查看，如图4-60所示。

图4-60　查看合成好的视频

步骤 9、单击生成的视频作品，即可进入视频页面，在这里可以对视频进行剪辑、发布、分享或下载等操作，如图4-61所示。

图4-61　视频页面

第 5 章
AI 图片生成短视频

  在社交媒体和短视频盛行的今天,视频已成为人们分享生活、传递信息的重要方式。如何高效、便捷地制作精美视频,成为许多人的需求。剪映作为一款免费且功能强大的手机端视频编辑应用,凭借其出色的性能和用户友好的界面设计,成为众多视频创作者的首选。

  本章将围绕AI图片生成短视频这一主题,以剪映App为例,深入探讨如何利用其强大的AI功能,将静态图片转化为生动有趣的短视频。无论是想要记录生活点滴,还是想要创作专业水准的视频作品,都能从本章内容中有所收获。

5.1 使用剪映App的AI基础功能将图片生成视频

剪映App作为一款功能强大的视频编辑工具，凭借其AI基础功能，让图片生成视频变得前所未有的简单与高效。通过本节的实战演练，大家将学会如何利用剪映App的"图文成片""一键成片"，以及AI语音合成、图文匹配、AI风格迁移等核心功能，轻松将静态图片转化为生动有趣的短视频。

5.1.1 ▶ 实战1：使用"图文成片"功能生成美食视频

剪映App凭借其强大的功能，为用户提供了一个简单直观的视频编辑平台。特别值得一提的是剪映的"图文成片"功能，它革新了视频创作的传统模式。用户只需输入一段文字，剪映便能智能匹配相关的图片素材，自动添加字幕、旁白和音乐，瞬间生成一个初步的视频作品。更令人惊叹的是，智能朗读的旁白效果几乎与真人朗读无异，极大地提升了视频的表现力。

在智能生成的基础上，创作者仍拥有充分的创作空间，可以进一步通过人工剪辑进行精细化调节，直至达到心目中的完美效果。这一功能不仅为擅长撰写文字的创作者提供了跨界创作的可能，更大大降低了视频制作的门槛，让更多人能够轻松踏入视频创作的领域，展现自己的创意和才华。

本实战以美食为例，利用"图文成片"生成视频，具体制作方法如下。

步骤 ① 打开手机剪映App，点击"图文成片"按钮，如图5-1所示；进入"图文成片"操作界面，如图5-2所示。

步骤 ② "图文成片"有两种生成方式，一种是"自由编辑文案"，需要通过复制粘贴文案来生成视频；另一种是"智能写文案"，选择自定义输入生成视频。这里我们直接粘贴已经准备好的文案，如图5-3所示。

图 5-1 点击"图文成片"按钮　　图 5-2 "图文成片"操作界面　　图 5-3 复制粘贴已经准备好的文案

步骤 3 输入准备好的美食文案后,点击"应用"按钮,可以看到"智能匹配素材""使用本地素材""智能匹配表情包"3种成片方式,如图5-4所示。

图 5-4 选择成片方式

步骤 4 这里我们已经准备好了图片素材,选择"使用本地素材"选项,选择我们的图片素材,等待自动生成视频,如图5-5所示。

步骤 5 当发现视频中的图片与文本内容不匹配时,可以根据文本内容对图片进行精确调整。首先定位并选中图片,在剪映的编辑页面中,仔细浏览视频内容，找到与文本内容不对应的图片。选中图片后，通常会有一个"替换"或"更改"按钮出现，如图5-6所示。

图5-5　选择图片素材　　　　图5-6　对图片进行精确调整

步骤 6 点击"替换"按钮，打开本地素材库或相册，重新选择一张与当前文本内容更为匹配的图片素材，如图5-7所示。

> **温馨提示**
>
> 在替换图片时，务必确保所选图片与文本内容紧密相关，能够准确传达文本所要表达的信息。这有助于提升视频的整体质量和观众的观看体验。

步骤 7 对文案进行编辑和调整，可以改变图片的顺序、大小、位置等，选择一款适合视频的字体，提升观看效果，如图5-8所示。

步骤 8 图文修改并保存好之后,点击"播放"按钮▷预览视频。预览无误后,点击右上角的"导出"按钮完成视频制作,如图5-9所示。

图5-7 重新选择图片素材

图5-8 选择一款适合视频的字体

图5-9 导出视频

5.1.2 ▶ 实战2:使用"一键成片"功能套用模板快速生成Vlog短视频

剪映App的"一键成片"功能为用户带来了前所未有的创作体验,里面有许多精美的模板,可以直接使用。这一功能不仅简化了视频编辑的复杂流程,更让每个人都能成为自己生活故事的导演,展现出独特的创意和魅力。

本实战将使用"一键成片"功能套用模板,帮你快速生成Vlog短视频,具体操作步骤如下。

步骤 1 打开手机上的剪映App,在剪映主页面中点击"剪辑"按钮，在"剪辑"功能模式下,点击"一键成片"按钮,如图5-10所示。

> 步骤 ❷ 进入"一键成片"功能后,选择手机相册中的照片或视频素材,然后点击"下一步"按钮,如图 5-11 所示。

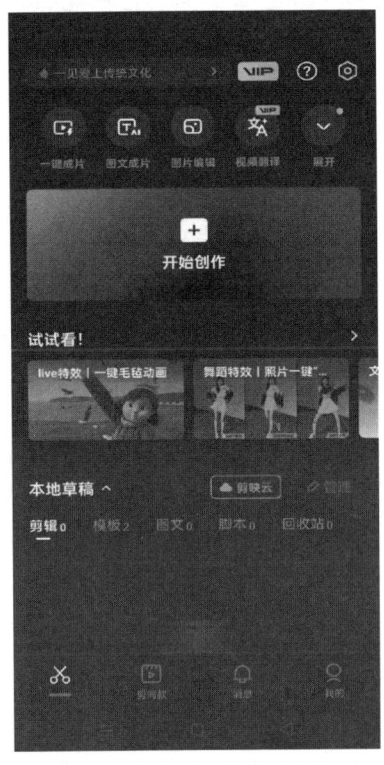

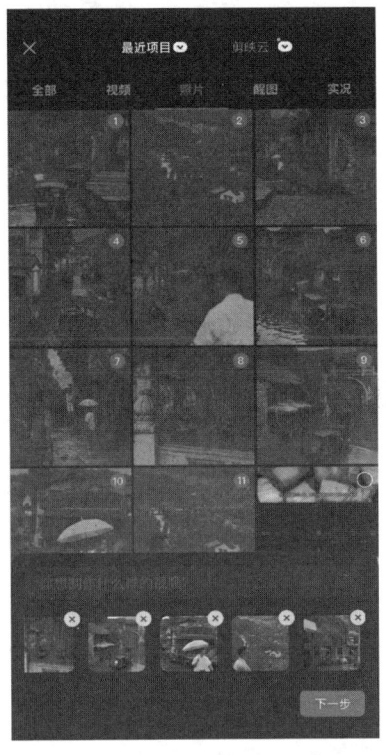

图 5-10　点击"一键成片"按钮　　图 5-11　选择照片或视频素材

> 步骤 ❸ 弹出输入框,在输入框中描述要成片的视频类型。我们选择的是风景旅游素材,所以输入"剪个旅行 Vlog",如图 5-12 所示。

> 步骤 ❹ 完成加载成片后,系统会展示一系列可用的模板供用户选择。这些模板根据素材的内容和风格进行分类,方便用户快速找到适合的模板。如果没有合适的模板,点击右下角的"换一批",直至找到合适的模板为止。

> 步骤 ❺ 选择好模板之后,点击"播放"按钮 ▷ 预览视频,预览无误后,点击右上角的"导出"按钮即可完成视频制作,如图 5-13 所示。

图 5-12 描述要成片的视频类型　　图 5-13 完成视频制作

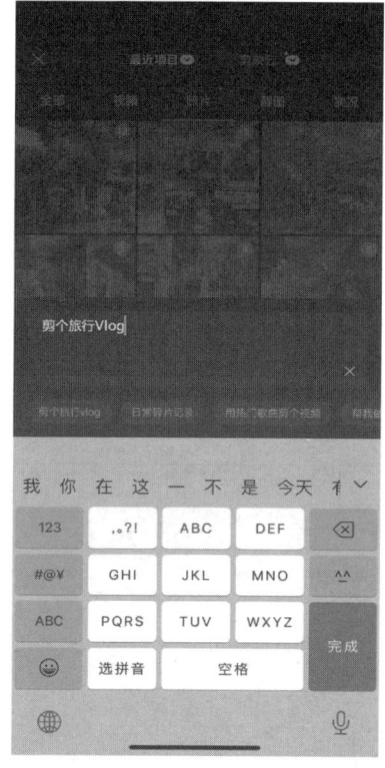

5.1.3 ▶ 实战3：使用AI语音合成与图文匹配功能制作产品展示视频

剪映不仅提供了全面的视频剪辑工具，更融入了前沿的AI配音技术。通过内置的AI配音功能，剪映能够智能解析文字内容，为用户生成清晰流畅、自然逼真的语音，让视频内容更加生动有趣。此外，剪映还精心打造了一个庞大的音效库和背景音乐库，为视频制作提供了无尽的灵感与可能，让用户能够轻松创作出专业级别的视频作品。

本实战将使用AI语音合成与图文匹配功能来制作产品展示视频，具体操作步骤如下。

步骤 1 打开剪映App，启动应用程序后，点击"开始创作"按钮，新建一个项目，如图5-14所示。

步骤 2 选择需要上传的本地素材，点击"添加"按钮导入素材，如图5-15所示。

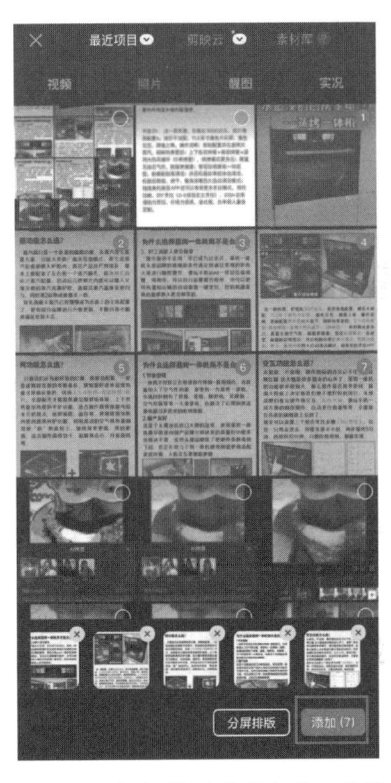

图5-14 点击"开始创作"按钮　　图5-15 点击"添加"按钮导入素材

步骤 3 导入视频素材完成后，进入文本编辑阶段。首先，在编辑页面的工具栏中点击"文本"按钮，如图5-16所示。为了精准定位字幕的插入位置，建议将播放头拖动到视频素材的中间位置，然后点击"新建文本"按钮，输入文字，如图5-17所示。

图 5-16　点击"文本"按钮　　　　图 5-17　输入文字

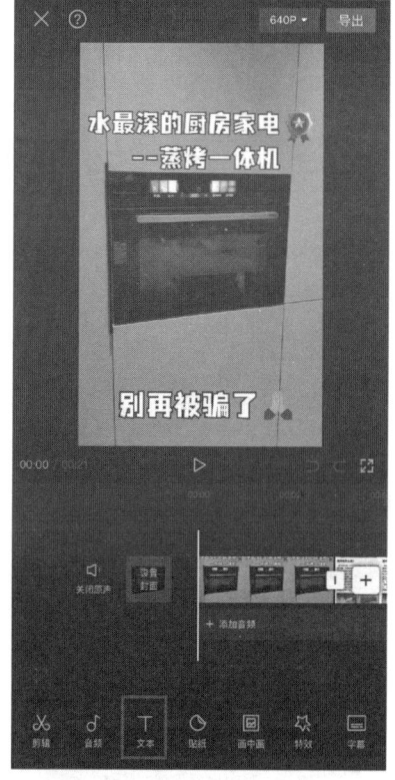

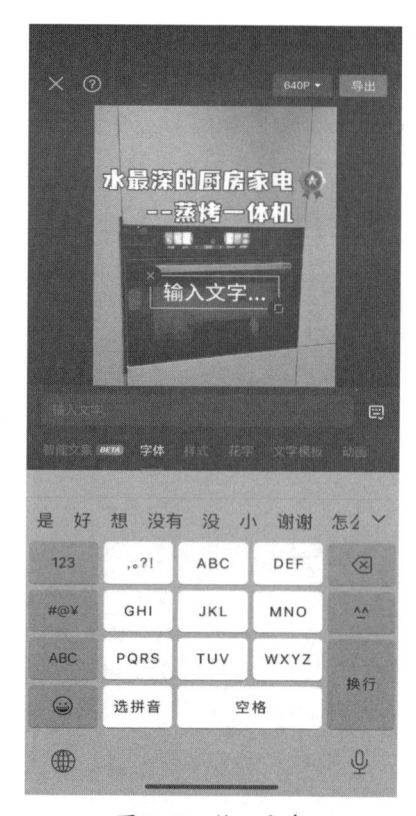

> **温馨提示**
>
> 在添加编辑好的文案时，需要特别留意字幕的位置和布局，避免文案和字幕重叠。

步骤 4 需要控制字幕的时长，根据文案的长度和视频的播放速度，合理设置字幕的显示时长，如图 5-18 所示。过长的字幕可能会导致观众无法一次性阅读完毕，而过短的字幕则可能让观众错过重要信息。

步骤 5 在将文案素材添加到视频中之后，为了让观众更好地理解和感受文案内容，可以利用剪映 App 中的"文本朗读"功能为文案添加语音朗读，如图5-19所示。

图5-18　控制字幕的时长　　　图5-19　为文案添加语音朗读

步骤 6　在完成文案添加和文本朗读设置后，点击"播放"按钮开始预览视频，如图5-20所示。预览过程中，要仔细检查以下几个方面。

- 字幕是否完整，补充缺少或遗漏的地方。
- 音画是否同步，确保字幕的显示时间与文案内容相符。
- 转场效果，如果视频中包含多个片段或场景切换，请检查转场效果是否自然流畅，有没有突兀感。

步骤 7　预览无误，请点击右上角的"导出"按钮完成视频导出，如图5-21所示。在导出时，请选择合适的分辨率和格式。

图 5-20 预览视频　　　　　　　图 5-21 导出视频

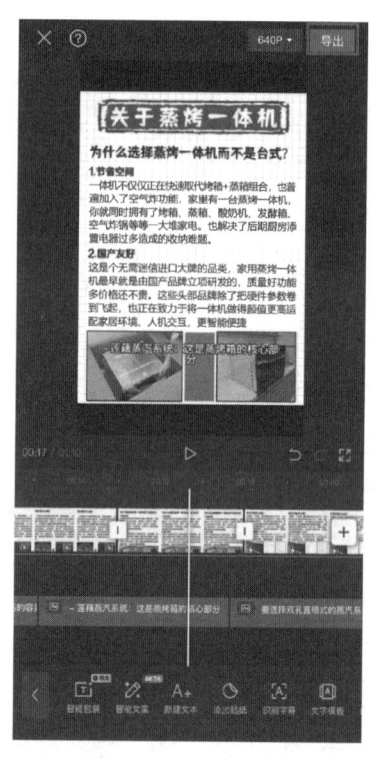

5.1.4 ▶ 实战4：使用AI风格迁移功能制作艺术风格视频

　　剪映的AI特效功能赋予了照片全新的生命力，通过简单的操作，即可将普通照片转化为充满艺术气息的特殊效果。无须复杂的步骤，只需选择心仪的照片，输入富有创意的提示词，即可一键生成令人惊艳的特效。更令人欣喜的是，特效的强度可根据个人喜好进行自由调节，让每一张图片都能展现出独一无二的魅力。

　　本实战将使用AI风格迁移功能制作艺术风格视频，具体操作步骤如下。

步骤 ❶ 打开手机剪映App，点击"开始创作"按钮开始创作。
步骤 ❷ 选择需要上传的本地素材，点击"添加"按钮导入素材。

步骤❸ 导入视频后，需要对这段视频进行特效添加。在剪映的编辑页面中，点击底部工具栏中的"特效"按钮，如图5-22所示。

步骤❹ 在特效库中，会看到多种不同的特效选项。找到并点击"AI特效"分类，进入"AI特效"页面，这里提供了很多基于人工智能技术的特效效果，如图5-23所示。

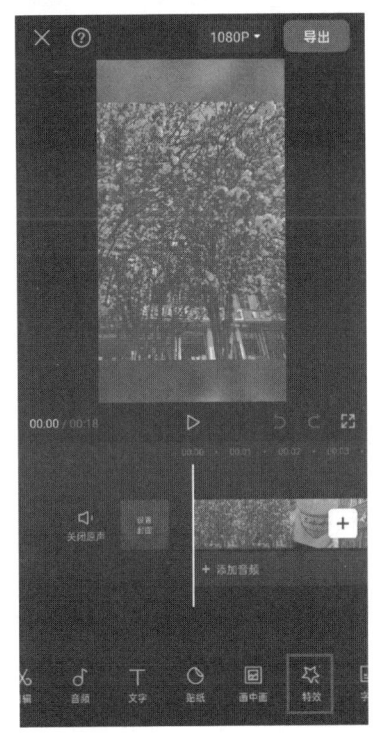

图5-22 点击"特效"按钮　　　图5-23 "AI特效"页面

步骤❺ 选择好"AI特效"后，添加需要的描述词。比如这里我们选择了"轻厚涂"特效，描述词选用"油画""梵高"的风格，特定词可以细化，如"星夜"，每个描述词之间用逗号隔开，如图5-24所示。

步骤❻ 输入完整的描述词后，点击"立即生成"按钮，等待生成视频。视频生成完之后，点击右上角的"导出"按钮即可完成视频制作。最后呈现的效果如图5-25所示。

图 5-24 进行 AI 特效设置　　　　图 5-25 AI 特效呈现的效果

5.2 使用剪映App的AI高级功能将图片生成视频

　　本节我们将深入探索剪映 App 的 AI 高级功能，通过实战演练，展示如何利用 AI 智能文案与图片匹配功能制作引人入胜的旅游视频、如何运用 AI 风格化技术打造复古风格的家庭相册视频，以及如何利用 AI 语音解说与图片同步功能，制作专业水准的产品介绍语音解说视频。此外，我们还将介绍如何在线调整素材与背景音乐、制作旅行分享视频，以及使用数字人播报与图片展示，创新性地制作新闻播报数字人视频。

5.2.1 ▶ 实战1：使用AI智能文案与图片匹配功能制作旅游视频

在繁忙的现代生活中，捕捉和珍藏那些与亲朋好友共度的美好瞬间变得尤为重要。回到家里，想要将这些珍贵的记忆编织成一个生动的Vlog，这时一个高效且便捷的剪辑工具就显得很关键。而剪映无疑是个实用的剪辑工具，它不仅功能强大，而且操作简便，完美满足了我们在手机上进行视频剪辑的所有需求。

有了剪映，我们无须费力思考如何拼接素材，它提供了丰富的剪辑模板，只需轻轻一点，就能让视频素材瞬间焕发出新的生命力。

本实战将使用AI智能文案与图片匹配功能来制作旅游视频，具体操作步骤如下。

步骤 1 打开剪映App，在剪映主页面中单击"剪辑"按钮，进入视频剪辑页面，点击"开始创作"按钮，开始制作一个新的视频，如图5-26所示。

步骤 2 跳转至素材选择页面，选择"照片"选项，从手机相册中导入旅游图片素材，如图5-27所示。

图5-26　点击"开始创作"按钮　　　图5-27　导入旅游图片素材

温馨提示

这里可以按照拍摄的时间顺序或主题来排序和选择图片。

步骤 3 在导入图片素材后,点击"文字"或"文本"按钮,如图5-28所示;接着依次选择"智能文案"→"文案推荐"选项,如图5-29所示。

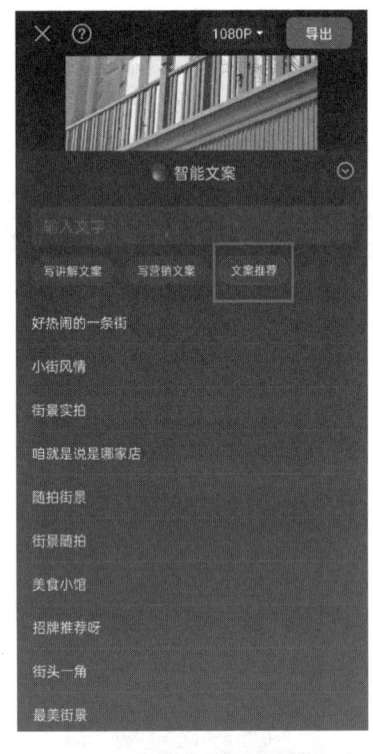

图5-28 点击"文字"按钮　　图5-29 选择"文案推荐"选项

步骤 4 根据推荐的文案进行选择和修改,或者自己输入文案与图片进行匹配,如图5-30所示。确保文案与图片内容相符,能够准确传达旅游主题和情感。

步骤 5 在时间线上对每张图片进行编辑和调整,包括裁剪、旋转、缩放等操作。调整图片之间的过渡效果，如淡入淡出、滑动等，使视频更加流畅自然。如果有需要，可以添加背景音乐或音效来增强视频的感染力，如图5-31所示。

步骤 ⑥ 在完成视频编辑后，点击右上角的"导出"按钮来生成最终的视频文件，如图5-32所示。

图5-30　输入文案　　图5-31　对每张图片进行编辑和调整　　图5-32　导出视频文件

5.2.2 ▶ 实战2：使用AI风格化技术制作复古风格家庭相册视频

剪映作为一款强大的视频编辑软件，汇集了丰富多彩的特效，其中复古风格效果尤为引人瞩目。

本实战将学习使用AI风格化技术来制作复古风格家庭相册视频，具体操作步骤如下。

步骤 ❶ 打开剪映App，在剪映主页面中单击"剪辑"按钮，进入视频剪辑页面，点击"开始创作"按钮，开始制作一个新的视频，如

图 5-33 所示。

步骤 02 跳转至素材选择页面，从手机相册中导入想要制作复古效果的家庭相册视频片段。导入素材后，在编辑轨道上选中想要添加复古效果的视频片段，点击底部工具栏中的"特效"按钮，如图 5-34 所示。

图 5-33 点击"开始创作"按钮

图 5-34 点击"特效"按钮

步骤 03 在"特效"页面中，可以看到多种风格化选项，包括复古、扭曲、电影等，如图 5-35 所示。

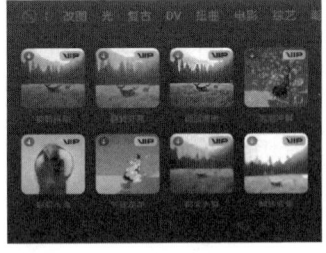

步骤 04 这里我们选择一个复古风格的滤镜，然后根据需要对效果进行调整，如图 5-36 所示。剪映提供了多种参数可供调整，如强度、饱和度、色调等，创

图 5-35 "特效"页面

作者可以根据自己的喜好和视频内容来调整这些参数，以达到最佳的效果。

步骤 5　还可以为复古家庭相册视频添加一些背景音乐和音效，以增强观看体验。返回主编辑页面，在底部工具栏中点击"音频"按钮，可以从剪映的曲库中选择音乐，或者导入自己手机中的音乐文件。此外，为了增强复古的效果，可以点击"音效"按钮为视频添加氛围感较强的音效，比如老式的电话铃声、打字机的声音等，如图5-37所示。

步骤 6　在完成所有编辑和调整后，点击"播放"按钮预览视频效果，如无其他修改，便可点击"导出"按钮将视频导出保存或分享，如图5-38所示。

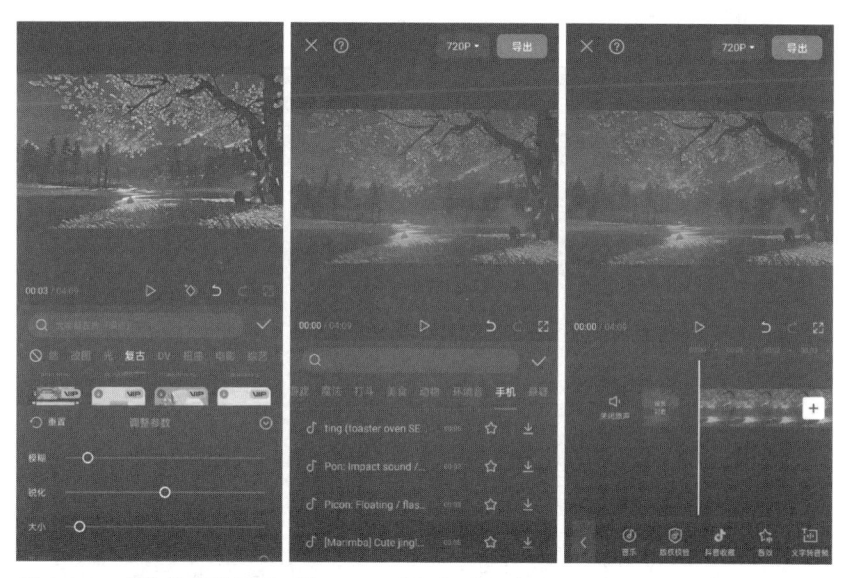

图 5-36　对特效滤镜效果进行调整　　图 5-37　为视频添加音效　　图 5-38　导出视频

5.2.3 ▶ 实战3：使用AI语音解说与图片同步功能制作产品介绍语音解说视频

剪映具备强大的配音功能，该功能简单易用，为用户带来了诸多便利。通过这一功能，用户可以轻松实现语音合成，为视频添加生动、贴切的配音，从而丰富视频的表现力。

对于那些想要制作短视频但缺乏配音能力的用户来说，剪映的配音功能无疑是一大福音。用户无须具备专业的配音技巧或设备，只需简单操作，即可将文字转化为自然流畅的语音，为视频增色添彩。

本实战将使用AI语音解说与图片同步功能制作产品介绍语音解说视频，具体操作步骤如下。

步骤❶ 打开剪映App，在剪映首页点击"开始创作"按钮，创建一个新的视频项目，如图5-39所示。

步骤❷ 在素材选择页面中，选择准备好的产品图片或视频素材，点击"添加"按钮将其导入项目中，如图5-40所示。

图5-39 点击"开始创作"按钮　　图5-40 选择添加素材

温馨提示

如果是分段视频，需要调整一下素材的顺序，确保播放顺序和讲解的顺序一致。

第 5 章 AI 图片生成短视频

步骤 3 添加 AI 语音解说，在底部工具栏中点击"文字"按钮，选择"识别字幕"选项，如图 5-41 所示，已经识别出的字幕可以进行文字调整（如字体、大小、颜色等）。

> **温馨提示**
>
> 这里需要将字幕与图片或视频时间线对齐，确保每段字幕都与对应的图片或视频内容相匹配。

步骤 4 选择"文本朗读"功能，剪映会自动将文字转换为语音。在此过程中，可以根据需要调整语音的语速、音色和音量等参数，如图 5-42 所示。

步骤 5 播放预览视频，检查语音解说与图片的同步情况。如果发现语音与图片存在时间差，可以微调字幕的时间线位置，确保语音与图片内容精确对应。

步骤 6 完成所有编辑后，点击"导出"按钮，选择适当的分辨率和帧率，将视频导出到手机相册或分享到其他平台，如图 5-43 所示。

图 5-41 识别字幕　　　图 5-42 音色选择　　　图 5-43 导出视频

5.2.4 ▶ 实战4：使用在线调整素材与背景音乐功能制作旅行分享视频

在视频编辑过程中，添加音乐可以为作品增添情感和动感，使其更加生动和吸引人。剪映App提供了丰富的音乐库，让创作者可以轻松为视频选择合适的背景音乐。

本实战将使用在线调整素材与背景音乐功能制作旅行分享视频，具体操作步骤如下。

步骤 1 打开剪映App，点击"开始创作"按钮，在本地文件夹中选择需要编辑的旅行视频素材，点击"添加"按钮将其添加到项目中，如图5-44所示。

步骤 2 对导入的视频进行编辑，调整顺序，删除多余的部分，可以使用剪映自带的"滤镜"及"转场特效"来增添视觉效果，如图5-45所示。

图5-44 选择并添加素材　　图5-45 添加"滤镜"

第5章 AI图片生成短视频

步骤 3 重新生成的视频不需要保留原有声音，这里点击"关闭原声"按钮，清除视频原有的声音，如图5-46所示。

步骤 4 清除原有声音后，需要为视频重新添加背景音乐，这里可以使用剪映自带的音乐。依次点击"音频"→"音乐"按钮，在"推荐音乐"中找到适合的背景音乐，点击"使用"按钮即可，如图5-47所示。

图5-46 点击"关闭原声"按钮　　　图5-47 添加背景音乐

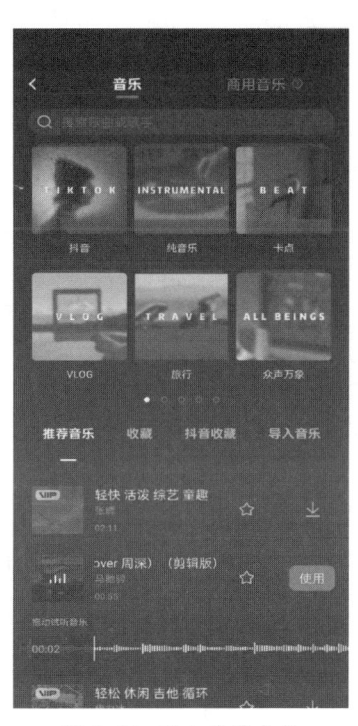

温馨提示

也可以添加收藏的抖音音乐，需要进行授权。

步骤 5 选中添加的音乐，点击"音量"按钮，调整音量大小以匹配视频，如图5-48所示。如果需要对音乐进行剪辑，可以将进度条滑动到需要剪辑的部分，点击"分割"按钮，然后选择多余的音乐部分进行"删

157

除"。结尾使用"淡化",可以让音乐过渡得更加自然。

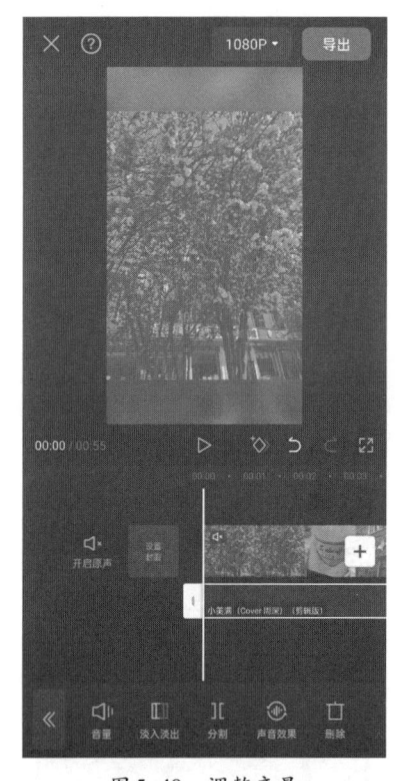

步骤 6 完成以上步骤后,预览视频效果,确保背景音乐和素材的协调性。确认无误后,导出视频,如图5-49所示。

图 5-48 调整音量　　　　　　　图 5-49 导出视频

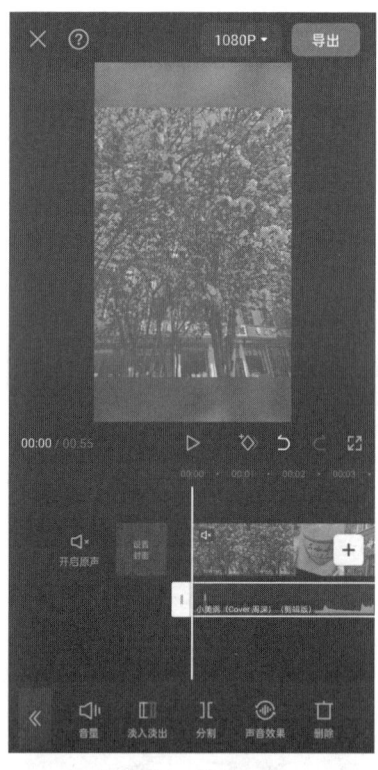

5.2.5 ▶ 实战5：使用AI数字人播报与图片展示功能制作新闻播报数字人视频

随着人工智能和数字人技术的迅速崛起,制作个人数字人短视频也变得越来越容易。

本实战将介绍如何利用剪映制作AI数字人短视频,包括导入素材、编排文本、选择数字人、渲染匹配等步骤,还可添加背景音乐和调整文字,最终导出完成。具体操作步骤如下。

步骤① 打开剪映App，点击"开始创作"按钮，创建一个新的视频项目，如图5-50所示。

步骤② 导入相关的视频素材，如图5-51所示。如果主要画面是呈现数字人口播的话，建议画面简单点，导入相应的背景图片进行拉伸即可。

图5-50 点击"开始创作"按钮　　图5-51 导入相关的视频素材

步骤③ 点击工具栏中的"文字"或"文本"按钮，然后点击"新建文本"按钮，导入一段文本，如图5-52所示。可以提前准备好文案，按照顺序排列好。

步骤④ 点击时间线上的文字，然后点击工具栏中的"数字人"按钮，点击某一个"数字人"进行下载，下载完成后，点击"添加数字人"按钮，如图5-53所示。

步骤 5 点击"添加数字人"按钮之后,就会开始生成数字人音频,并在播放器面板中显示相应的数字人,如图5-54所示。

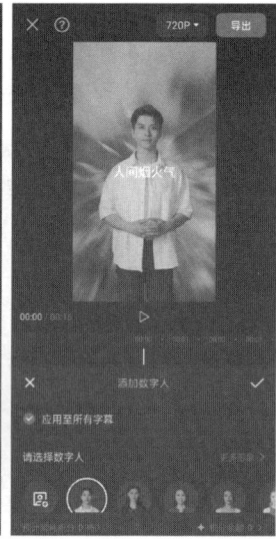

图 5-52 导入一段文本　　图 5-53 点击"添加数字人"按钮　　图 5-54 生成数字人音频

步骤 6 对整个视频进行预览,如果不需要更改文案或数字人,就可以导出了。

5.3 使用剪映App的AI创意功能将图片生成视频

在剪映App的广阔创意天地里,AI技术不仅简化了视频制作流程,更激发了无限创意可能。本节将带领大家深入探索剪映App的AI创意功能,通过4个精心设计的实战任务,让大家领略AI智能剪辑与图片合成的魅力,学会如何制作令人垂涎的美食视频;体验AI语音解说与图文同步的便捷,轻松打造旅游相册的语音解说视频;掌握AI风格迁移技术,

第5章 AI图片生成短视频

将个人写真转化为艺术风格视频；利用动态字幕与视频增强功能，为美食教程视频增添活力。

5.3.1 ▶ 实战1：使用AI智能剪辑与图片合成功能制作美食视频

通过投入大量的时间与精力，剪映成功研发了一系列前沿的AI功能，这些功能不仅极大地提升了视频剪辑的智能化程度，更巧妙地简化了烦琐的操作流程，使用户能够轻松、高效地创作出令人赞叹的高质量视频作品。

本实战将使用AI智能剪辑与图片合成功能来制作美食视频，具体操作步骤如下。

步骤 ❶ 打开剪映App，点击"开始创作"按钮，创建一个新的视频项目，如图5-55所示。

步骤 ❷ 在手机相册中选择想要制作成视频的美食图片，点击"添加"按钮将其导入项目中，如图5-56所示。

图 5-55　点击"开始创作"按钮　　　图 5-56　选择并添加素材

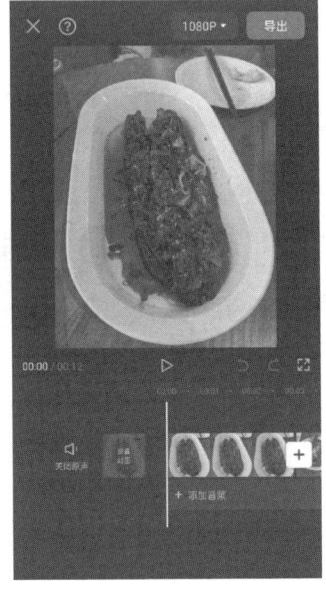

步骤 3 对于每一张图片，可以拖动图片的滑块来调整其在视频中的播放时长，如图 5-57 所示。通常，美食图片的播放时长可以设置为几秒到十几秒之间，具体根据图片的数量和视频的总时长来调整。

步骤 4 剪映提供了多种过渡效果，如淡入淡出、滑动等，可以在图片之间添加这些过渡效果，使视频更加流畅，添加成功后将视频导出，如图 5-58 所示。

图 5-57　调整图片播放时长　　　　图 5-58　添加过渡效果

步骤 5 生成视频后，重新点击"开始创作"按钮，导入这段视频，接下来使用 AI 的智能剪辑功能来对该视频进行剪辑，如图 5-59 所示。（剪映的 AI 智能剪辑功能可以自动识别图片中的关键元素，并根据这些元素

来智能剪辑视频。）

步骤 ❻ 在"音频"选项中，可以选择与美食主题相符的背景音乐和音效，并将其添加到视频中，如图5-60所示。在完成所有的编辑后，可以点击右上角的"导出"按钮来保存和分享美食视频。

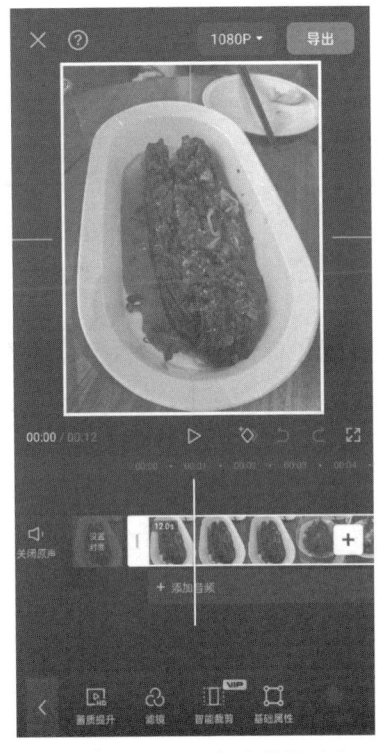

图 5-59　用AI的智能剪辑功能对视频进行剪辑

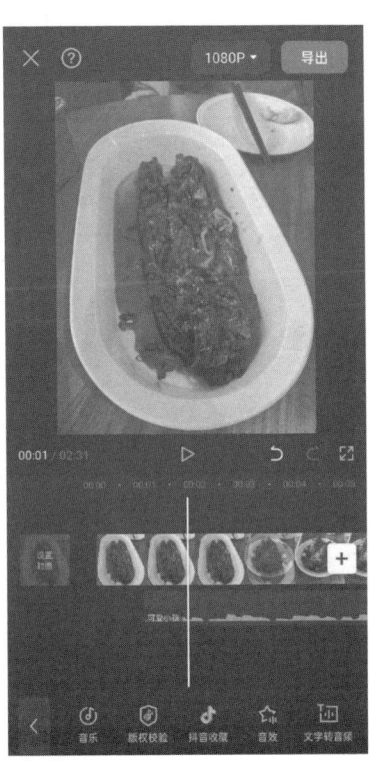

图 5-60　添加背景音乐和音效

5.3.2 ▶ 实战2：使用AI语音解说与图文同步功能制作旅游相册语音解说视频

步骤 ❶ 打开剪映App，点击"开始创作"按钮，创建一个新的视频项目，如图5-61所示。

步骤2 导入准备好的视频素材，系统会自动将视频素材添加到时间线轨道上，如图5-62所示。

步骤3 在时间线轨道上找到并选中需要添加解说的视频片段，点击"文本"按钮，选择"新建文本"或"智能文案"选项，输入需要讲解的文案，如图5-63所示。

图5-61 点击"开始创作"按钮　　图5-62 导入视频素材　　图5-63 输入需要讲解的文案

步骤4 选择"文本朗诵"选项，选择适合的语言和声音类型。同时，还需要调整语速和音调，以符合视频整体的风格，如图5-64所示。

步骤5 点击"播放"按钮预览视频，试听AI语音解说的效果，如图5-65所示。这一步需要对语音讲解和图片字幕进行调整，调整字幕或图片素材的出现时间和位置，确保与解说内容同步。

步骤6 完成预览和调整后，点击右上角的"导出"按钮。

图 5-64　调整语速和音调　　　　图 5-65　预览并调整视频

5.3.3 ▶ 实战 3：使用 AI 风格迁移功能制作艺术风格个人写真视频

使用剪映的 AI 风格迁移功能来制作具有艺术风格的个人写真视频，可以为作品增添独特的视觉效果和个性化表达。

本实战将介绍如何使用 AI 风格迁移功能生成个人写真视频，具体操作步骤如下。

步骤 ❶　打开剪映 App，点击"开始创作"按钮，创建一个新的视频项目，如图 5-66 所示。

步骤 2 导入视频素材，根据需要对视频进行剪辑，删除不需要的片段，保留关键部分。在剪映的编辑页面中选择"滤镜"选项，选择一种喜欢的艺术风格应用到视频上，如图5-67所示。

图5-66 点击"开始创作"按钮　　图5-67 选择"滤镜"选项

步骤 3 在视频的关键部分添加文字或标题，以突出视频的主题或情感。剪映提供了许多文字特效和动画效果，可以根据需要添加到视频中，以增加文字内容的视觉吸引力。图5-68所示为添加了画面特效的文字效果。

步骤 4 在完成所有编辑后，点击"播放"按钮预览视频的最终效果。如果满意，点击"导出"按钮将视频保存到设备中，如图5-69所示。

图 5-68　添加了画面特效的文字效果　　　图 5-69　导出视频

5.3.4 ▶ 实战 4：使用 AI 动态字幕与视频增强功能制作动态字幕美食教程视频

剪映的动态字幕功能能够吸引观众的注意力，使视频内容更加生动和有趣。通过添加动态效果和动画，字幕可以与视频内容更好地融合，提升整体视觉效果。

本实战以美食视频为例，使用 AI 动态字幕与视频增强功能来生成视频，具体操作步骤如下。

步骤 ① 打开剪映 App，点击"开始创作"按钮，创建一个新的视频项目，如图 5-70 所示。

步骤 ② 从手机相册中选择准备好的美食教程视频素材，导入项目中，如图5-71所示。

步骤3 在剪映的编辑页面中，找到并点击"文字"按钮。如果视频本身有音频内容则选择"识别字幕"选项，点击"开始匹配"按钮让剪映自动为视频生成字幕，如图5-72所示。

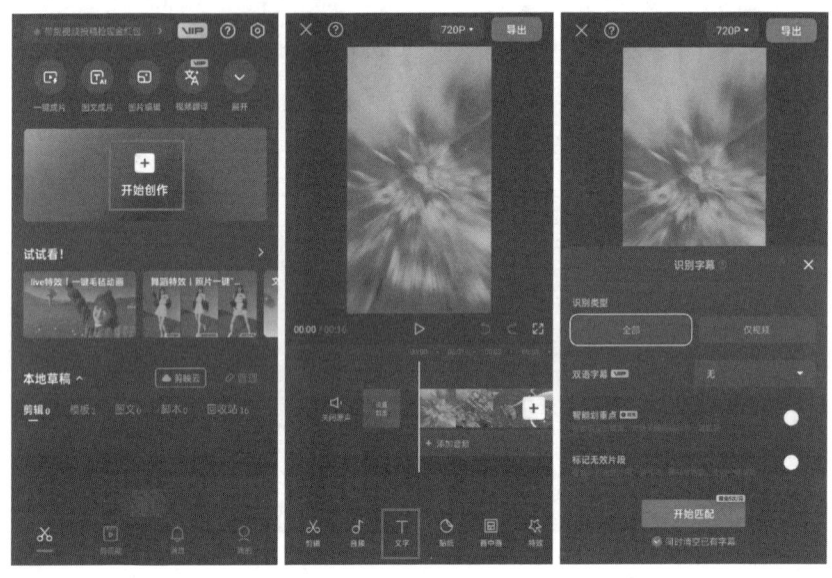

图5-70 点击"开始创作"按钮　　图5-71 导入视频素材　　图5-72 识别字幕

步骤4 等待识别完成后，可以对生成的字幕进行编辑和修改，如调整字幕时间、修改字幕内容等，如图5-73所示。

步骤5 点击"样式"按钮，在弹出的页面中选择"动画"选项，选择一种动画效果应用在字幕上，如图5-74所示。

步骤6 在剪映的编辑页面中，点击"滤镜"按钮，选择一个"美食"滤镜，然后点击"调节"选项，对亮度、对比度、饱和度等参数进行调节，以提升视频的整体质感和观感，如图5-75所示。

步骤7 完成所有编辑后，点击右上角的"导出"按钮将视频导出，如图5-76所示。

第 5 章 AI 图片生成短视频

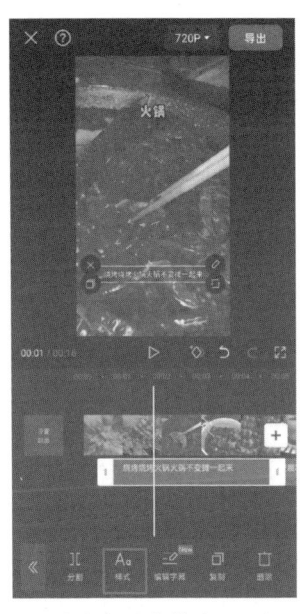

图 5-73 对生成的字幕进行编辑和修改

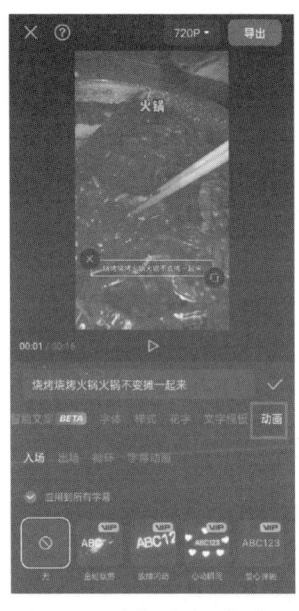

图 5-74 选择"动画"选项

图 5-75 添加并调节滤镜

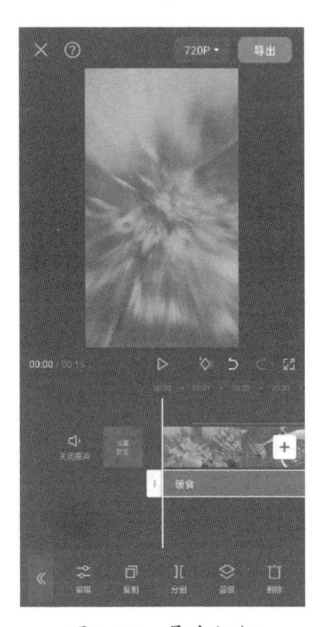

图 5-76 导出视频

169

5.4 使用剪映的"剪同款"功能将图片生成视频

在数字时代，视频创作已成为人们记录生活、分享创意的重要方式。剪映作为一款功能强大的视频编辑工具，其"剪同款"功能更是为用户提供了便捷的图片转视频途径。本节我们将深入探讨如何使用剪映App的"剪同款"功能将图片生成视频。通过4个精心设计的实战任务，包括制作美食视频、卡点视频、音乐视频及奇趣视频，我们将一步步学会如何利用这一功能，将静态的图片转化为动感十足的视频作品。

5.4.1 实战1：使用"剪同款"功能制作美食视频

剪映专业版作为一款领先的智能手机视频剪辑应用，特别引入了革命性的"剪同款"功能。借助此功能，用户仅需简单几步，便能轻松完成整个剪辑与编辑过程，生成完整且高质量的视频作品。这一创新的便捷性在于，它彻底打破了传统剪辑的门槛，用户无须具备任何专业的剪辑或编辑知识，更无须投入大量时间和精力在烦琐的剪辑编辑过程中。剪映专业版以其智能化、高效化的特点，让每一个用户都能轻松享受到专业级的视频创作体验。

步骤 ① 打开剪映App，进入其主页面，如图5-77所示。

步骤 ② 点击"剪同款"按钮，选择"美食"选项，进入"美食"模板页面，如图5-78所示。

步骤 ③ 选择一款合适的美食模板，点击进入该模板的详情页面，查看模板效果，满意的话，点击"剪同款"按钮，如图5-79所示。

> **温馨提示**
>
> 这里我们需要提前准备好美食视频的素材，一次性选择多张图片或视频，剪映会自动将它们按照模板的设定进行排列和剪辑。

图 5-77　剪映 App　　　图 5-78　进入"美食"　　　图 5-79　点击
　　　主页面　　　　　　　　模板页面　　　　　　　　"剪同款"按钮

步骤 ④　导入本地素材，如图 5-80 所示。

步骤 ⑤　剪映自动根据模板效果对视频素材进行基础的剪辑，因此视频生成后我们不需要进行太多的调整。生成的视频效果如图 5-81 所示。

图 5-80　导入本地素材 　　　　　图 5-81　生成的视频效果

步骤 6 视频制作完成以后，点击"导出"按钮，将视频保存到手机相册中。

5.4.2 ▶ 实战2：使用"剪同款-卡点"模板制作卡点视频

"剪同款-卡点"模板提供了预设的卡点节奏和效果，用户无须手动设置每一个卡点，大大节省了制作时间。通过简单的操作，用户可以快速将素材与模板中的卡点效果对齐，从而高效生成具有节奏感的卡点视频。即使是没有剪辑经验的小白，也能使用剪映的"剪同款-卡点"模板制作卡点视频。接下来，我们将使用"剪同款-卡点"模板制作卡点视频，具体操作步骤如下。

步骤 1 打开剪映App，进入主页面，选择"剪同款"功能，如图5-82所示。

步骤 2 在"剪同款"页面中，选择"卡点"类别，选择喜欢的卡点视频模板，如图5-83所示。

图5-82　剪映App主页面

图5-83　选择"卡点"类别

第 5 章　AI 图片生成短视频

步骤 3 点击选中的卡点视频模板，进入模板编辑页面，点击"剪同款"按钮，如图 5-84 所示。

步骤 4 根据模板的提示导入视频素材，如图 5-85 所示。

图 5-84　点击"剪同款"按钮　　　　图 5-85　导入视频素材

步骤 5 导入视频素材后，根据模板的指示，将视频素材拖动到相应的位置，确保与模板中的卡点节奏对齐，如图 5-86 所示。

> **温馨提示**
>
> 如果模板中包含了音频素材，可以根据需要选择保留或替换。如果需要替换音频，可以在音频库中选择适合的卡点音乐，并将其应用到视频中。

步骤 6 完成视频编辑后，点击"播放"按钮预览视频，如果对预览效果满意，点击"导出"按钮将视频导出，如图 5-87 所示。

173

图 5-86　将视频素材拖动到相应的位置　　　　图 5-87　导出视频

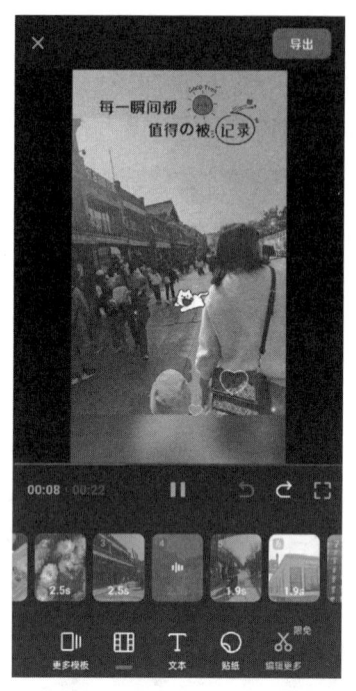

5.4.3 ▶ 实战3：使用"剪同款-音乐MV"模板制作音乐视频

剪映的"剪同款-音乐MV"模板具有诸多优势，包括节省时间、提供专业视觉效果、增强故事性和情感表达等。"剪同款-音乐MV"模板提供了预先设计好的布局、动画和过渡效果，用户无须从零开始设计，便可以快速地制作出具有专业水准的音乐MV，节省了时间和精力。

本实战将带领大家一起学习如何使用"剪同款-音乐MV"模板制作音乐视频，具体操作步骤如下。

步骤 ❶ 打开剪映App，进入主页面，选择"剪同款"功能，如图 5-88所示。

步骤 ❷ 在"剪同款"页面的输入框中搜索"音乐MV"模板，如图 5-89所示。

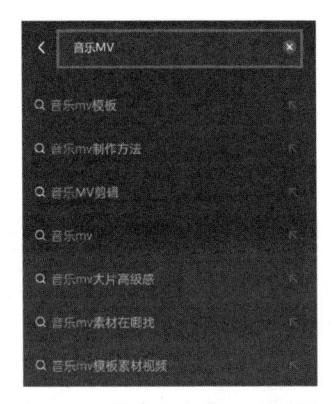

图 5-88　选择"剪同款"功能　　　图 5-89　搜索"音乐 MV"模板

步骤 3 选择一个喜欢的音乐视频模板,如图 5-90 所示。

步骤 4 点击进入该模板的编辑页面,点击"剪同款"按钮,如图 5-91 所示。

步骤 5 按要求导入两段视频素材,如图 5-92 所示。

图 5-90　选择音乐
视频模板

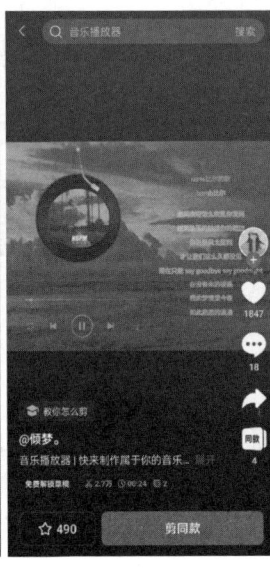

图 5-91　点击
"剪同款"按钮

图 5-92　导入视频素材

步骤 6　导入素材以后自动生成视频，如果对该模板效果不满意，可以选择"更多模板"来进行替换，如图5-93所示。

步骤 7　完成视频制作后，点击"播放"按钮预览视频效果，确认无误后点击"导出"按钮将视频导出，如图5-94所示。

图5-93　生成视频

图5-94　导出视频

5.4.4 ▶ 实战4：使用"剪同款－AI玩法"模板制作奇趣视频

剪映的"剪同款－AI玩法"模板极大地提升了视频创作的便捷性和趣味性。这一创新工具不仅能帮助用户高效产出高质量的视频内容，还通过智能化的操作降低了学习成本和操作难度。在日常创作中，当面临风格选择困境时，这些模板便成为得力助手，提供多样化的创意选项，使视频制作变得既高效又有趣。

第5章 AI图片生成短视频

本实战将使用"剪同款-AI玩法"模板来制作奇趣视频,具体操作步骤如下。

步骤① 打开剪映App,进入主页面,选择"剪同款"功能,如图5-95所示。

步骤② 在"剪同款"页面中,选择"AI玩法"类别,浏览各种AI效果模板,并选择一款自己感兴趣的模板,如图5-96所示。

步骤③ 点击进入该模板编辑页面,预览其效果和应用方式,确保它符合自己的创作需求,然后点击模板下方的"剪同款"按钮,导入相应的视频素材,如图5-97所示。

图5-95 选择"剪同款"功能　　图5-96 选择"AI玩法"　　图5-97 导入视频素材

步骤④ 根据需要添加字幕等元素,以增强视频的趣味性和吸引力,如图5-98所示。

步骤⑤ 完成视频制作后,点击"播放"按钮预览视频效果,如果对预览效果满意,点击"导出"按钮将视频导出即可,如图5-99所示。

图 5-98　添加字幕

图 5-99　导出视频

第 6 章

AI 智能编辑短视频

在数字化时代，AI智能编辑短视频已成为视频制作领域的一股新势力。它凭借高效、精准与创意无限的特性，正在逐步改变我们的视频创作方式。本章将以剪映电脑版为例，深入探讨如何利用AI技术来优化视频编辑流程，并提升视频作品的整体质量。

本章将分为"智能素材及特效处理"与"智能视频剪辑与色彩调整"两大板块进行讲解。前者将通过5个实战任务，展示如何利用素材包、识别歌词、智能字幕、朗读配音及智能特效等功能，轻松处理视频素材，增添视频趣味。后者则通过3个实战案例，揭秘智能识别与自动剪辑、智能色彩调整与滤镜及色度抠图等高级技巧，让视频剪辑与色彩调整更加得心应手。

通过本章的学习，大家可以全面掌握剪映电脑版中的AI智能编辑功能，轻松驾驭视频制作的各个环节，让创意与个性在数字化世界中自由驰骋，打造出独一无二的视频作品。

6.1 智能素材及特效处理

在短视频编辑领域中,智能素材及特效处理的应用正逐渐成为提升视频质量的关键。通过使用剪映电脑版这一强大的工具,我们将展示如何利用智能素材和特效处理技术,让视频作品更加生动有趣。从实战出发,我们将学习如何使用素材包编辑视频、使用识别歌词功能添加歌词字幕、使用智能字幕功能为视频生成字幕、使用朗读功能将文本内容生成AI配音音频。此外,我们还会探索如何为视频添加智能特效,使作品更加生动有趣。这些实战任务将帮助我们全面掌握智能素材及特效处理的核心技巧,为创作高质量短视频作品奠定坚实基础。

6.1.1 ▶ 实战1:使用素材包编辑视频

剪映中的素材包功能是一个非常重要的创作辅助工具,它为用户提供了丰富的素材资源,帮助用户更高效、更专业地完成视频剪辑。剪映内置了多种类型的素材包,这些素材包通常包括文字、音频、特效、滤镜等素材。在编辑视频时,可以直接使用素材包来制作片头、片尾,以及为视频中的某个片段增加趣味元素。比如,加入引人入胜的开场动画、流畅的转场效果,以及时下热门的表情包和梗图,这些都能为视频增添亮点,提升观众的观看体验。

本实战将使用素材包来制作视频片段的转场特效,其具体制作方法如下。

步骤 ❶ 打开剪映PC端程序,进入主页面,如图6-1所示。

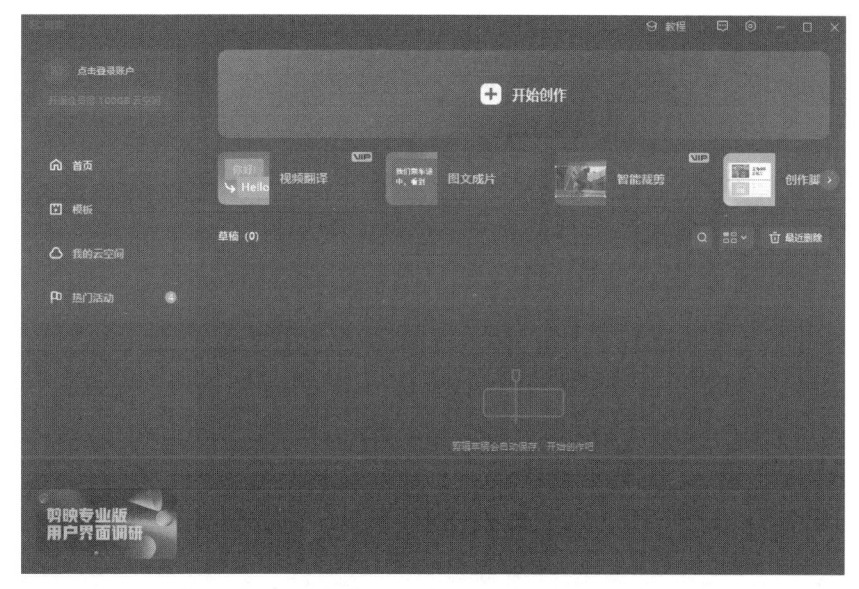

图 6-1 进入主页面

步骤 2 单击"开始创作"按钮，进入编辑页面，如图 6-2 所示。

图 6-2 进入编辑页面

步骤 3 单击"本地"选项下的"导入"按钮，导入一段本地视频，如图 6-3 所示。

图6-3 导入一段本地视频

步骤4 将导入的本地视频素材拖到时间轴的主轨道上，如图6-4所示。

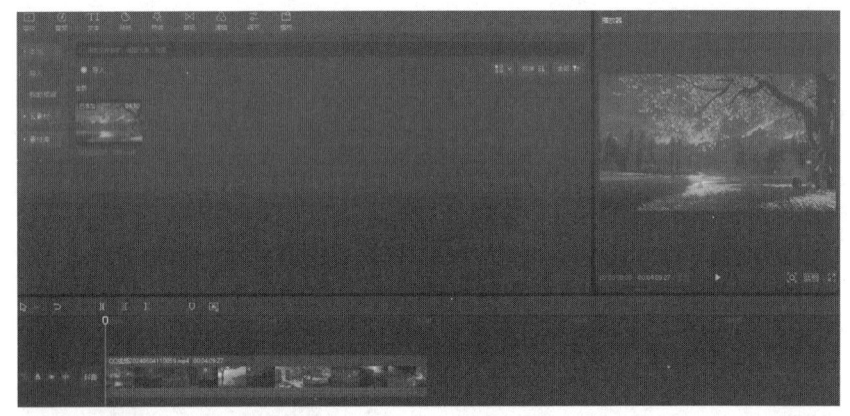

图6-4 将素材拖到时间轴的主轨道上

步骤5 将时间轴指针拖到要添加素材包的位置，然后单击"分割"按钮 对素材进行分割，如图6-5所示。

图6-5 分割素材

步骤6 单击编辑页面左侧的"素材库"按钮，可以看到剪映为用户提供了一系列素材，包括热门、片头、片尾、热梗，以及各类情绪表达的素材等,如图6-6所示。

图6-6 剪映PC端的素材库

步骤 1 选择左侧素材库中的"热梗"选项,添加我们想要的素材包,这里选择一个搞笑的素材作为转场,如图6-7所示。

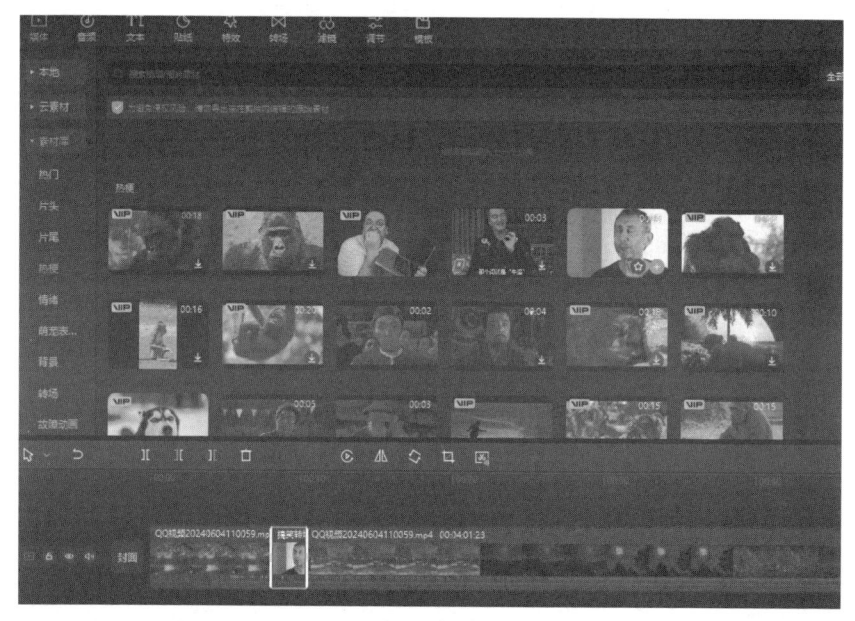

图6-7 剪映PC端的素材库

步骤 8　将时间轴拉到搞笑转场视频位置，会发现视频显示不完整，这时需要在视频播放窗口中将添加的素材进行调整，使其覆盖整个视频展示窗口，如图6-8所示。

步骤 9　将时间轴上的指针拉到开始位置，然后播放视频观看效果，至此，素材包添加操作完成。

图6-8　调整素材包视频

> **温馨提示**
>
> 素材包中的所有素材是一个整体，通常情况下，用户只能对其整体进行调整或删除等操作。如果想替换或删除素材包中的某个素材，则需要双击素材包中的这个素材。

当然，也可以为视频添加片头素材包，快速制作片头效果，如图6-9所示。

图6-9　为视频添加片头素材包

当所有制作完成后，单击编辑页面右上角的"导出"按钮即可导出视频。

6.1.2 ▶ 实战2：使用识别歌词功能添加歌词字幕

在视频制作流程中，字幕的重要性不容忽视。面对那些仅有声音却缺乏歌词字幕的视频，手动添加字幕不仅耗时费力，更可能因疏忽而导致出错，进而影响视频的整体效果。

剪映提供了识别歌词的便捷功能。识别出的歌词字幕在剪映中拥有极高的灵活性，只需轻轻一点，便能选中字幕，进而在右上角的操作面板中进行一系列专业化的调整与设置。无论是字体字号的选择，还是样式颜色的定制，抑或是排列方式的调整，甚至是阴影、描边、动画等个性化效果的添加，都能在这里轻松实现。

通过剪映的识别歌词功能及其强大的字幕编辑能力，我们不仅能够轻松地为视频添加精准的字幕，还能让字幕以更加丰富多彩、个性化的形式呈现，为观众带来更加震撼的视觉享受。

本实战将使用剪映的识别歌词功能添加歌词字幕，其具体制作方法如下。

步骤 ❶ 打开剪映PC端，进入主页面，如图6-10所示。

图6-10 进入主页面

步骤 ❷ 单击"开始创作"按钮，进入编辑页面，如图6-11所示。

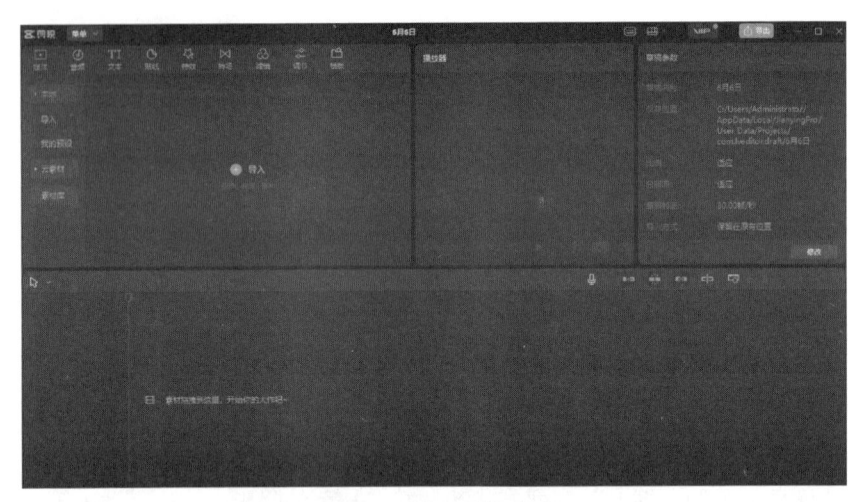

图6-11 进入编辑页面

步骤❸ 单击"本地"选项下的"导入"按钮,导入一段本地视频,并且将导入的视频拖到主轨道中,如图6-12所示。

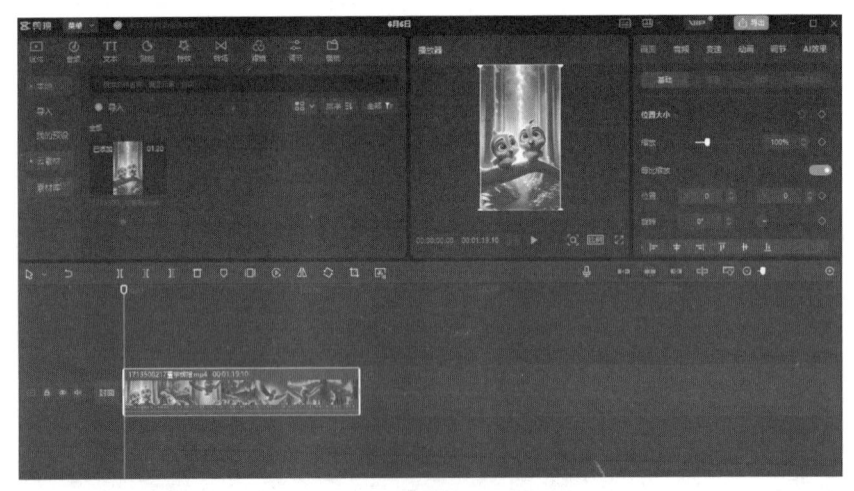

图6-12 导入一段本地视频

步骤❹ 选中需要添加歌词的视频,在剪映的编辑页面上方,单击"文本"按钮,如图6-13所示。

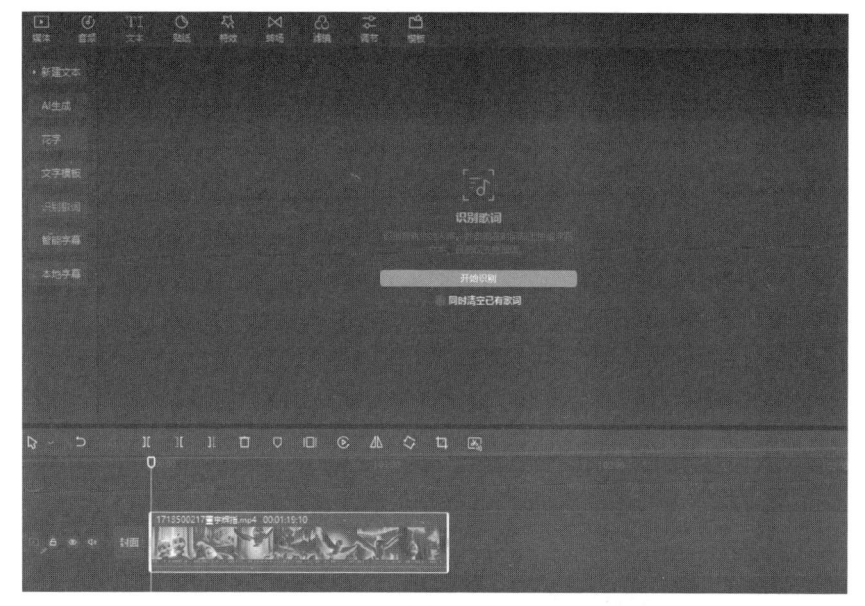

图6-13 单击"文本"按钮

步骤 5 单击"开始识别"按钮,剪映将开始自动分析导入的音频文件,并尝试识别其中的歌词,这里我们可以看到识别的进度,如图6-14所示。

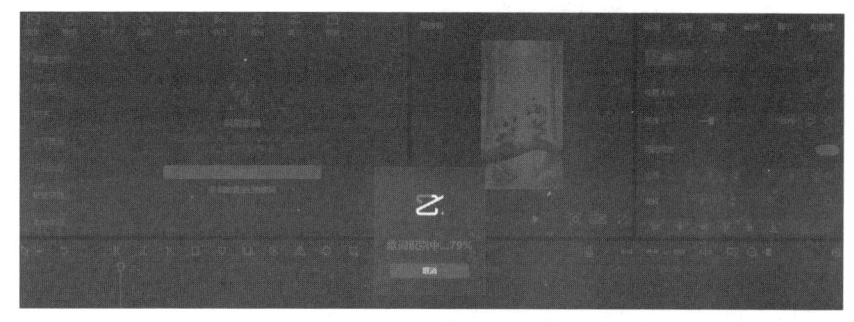

图6-14 识别歌词

步骤 6 识别过程可能需要一些时间,具体取决于音频文件的长度和复杂性。识别完成后的状态如图6-15所示。

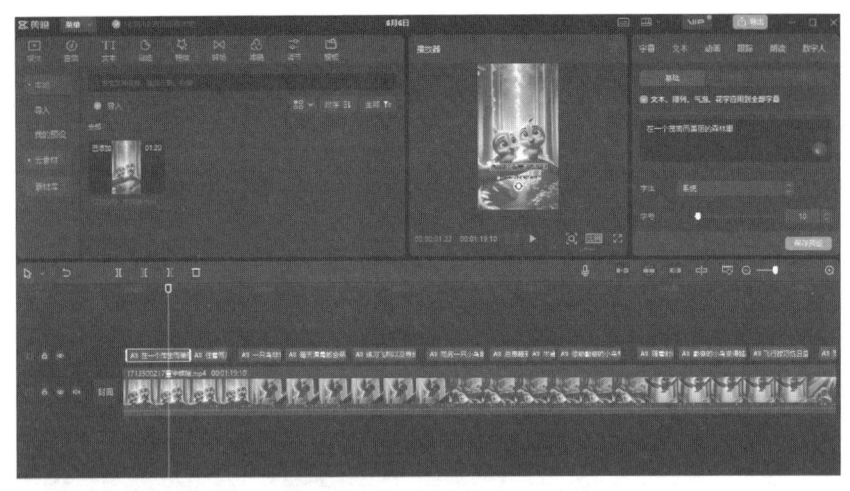

图 6-15 识别完成后的状态

步骤 7 一旦识别完成，剪映将自动生成歌词字幕，并显示在时间线上。这里我们可以根据需要调整字幕的样式、字体、大小、颜色等属性，如图 6-16 所示。

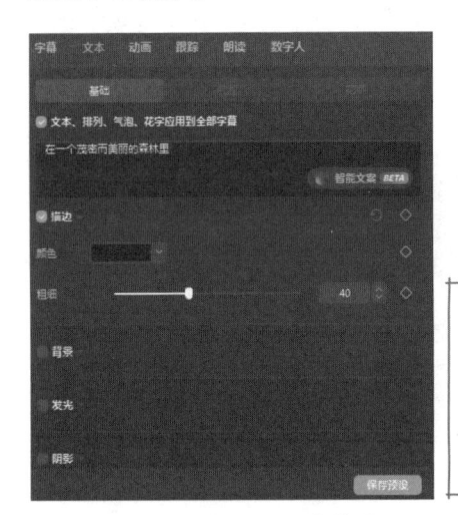

> **温馨提示**
>
> 如果字幕的出现时间和位置与原音频对不上，需要调整一下，以确保它们与音频文件中的歌词同步。

图 6-16 根据需要调整字幕属性

步骤 8 完成所有编辑后，单击"播放"按钮预览视频效果。如果满意，单击"导出"按钮将视频导出保存，如图6-17所示。

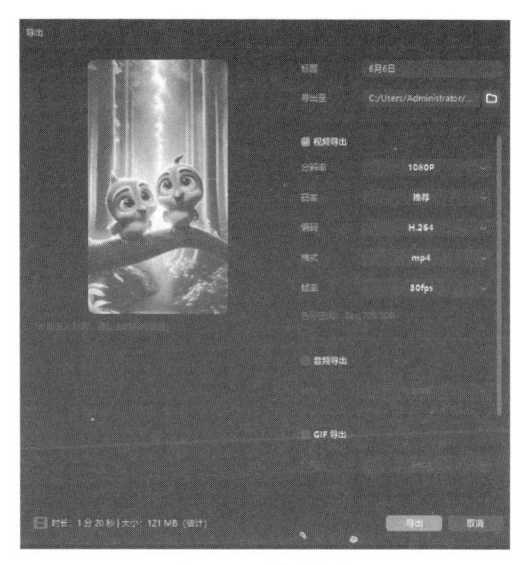

图6-17 导出视频

6.1.3 实战3：使用智能字幕功能为视频生成字幕

当我们观看视频时，若缺少字幕，往往会削弱观影的沉浸感和理解度。特别是在需要捕捉对话内容或特定细节时，字幕的缺失无疑会带来诸多不便，这个时候需要借助工具来帮我们生成字幕。本实战将使用智能字幕功能为视频生成字幕，其具体制作方法如下。

步骤 ❶ 打开剪映PC端，进入主页面，如图6-18所示。

图6-18 进入主页面

步骤2 单击"开始创作"按钮,进入编辑页面,单击"本地"选项下的"导入"按钮,导入一段没有字幕的本地视频,如图6-19所示。

图6-19 导入一段没有字幕的本地视频

步骤3 将视频文件从素材库拖曳到主轨道或单击"+"按钮添加到主轨道,如图6-20所示。

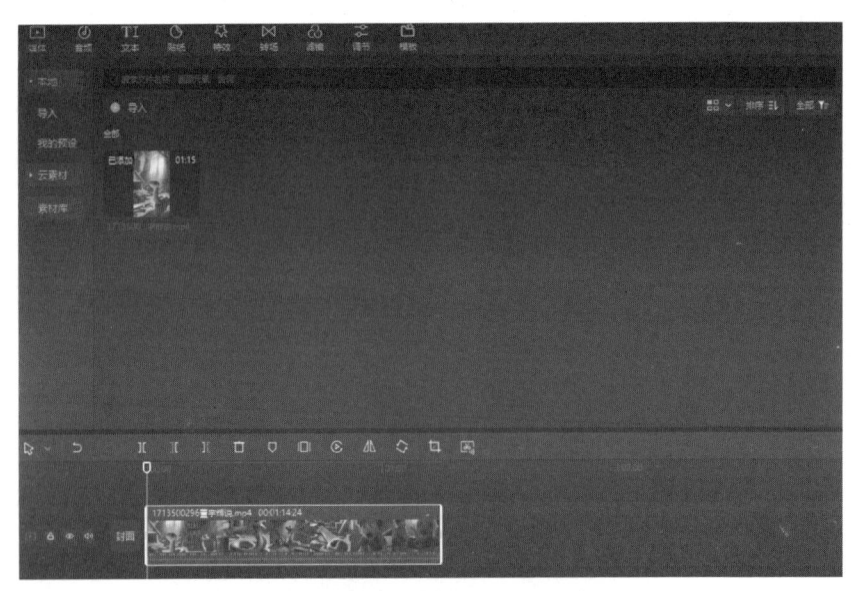

图6-20 将视频文件从素材库拖曳到主轨道

步骤4 在视频编辑页面上方的菜单栏中,单击"文本"按钮,选择"智能字幕"选项,如图6-21所示。

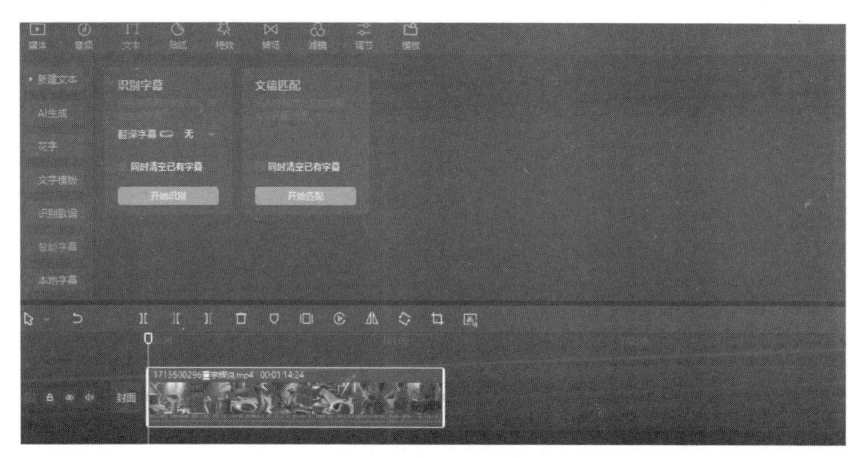

图6-21 选择"智能字幕"选项

步骤5 在智能字幕页面中,单击"开始识别"按钮。此时,剪映将开始识别视频中的语音内容,并尝试将其转化为文字字幕,如图6-22所示。

图6-22 识别字幕

> **温馨提示**
>
> 如果视频较长,那么识别的时间相对也长一些,请耐心等待。

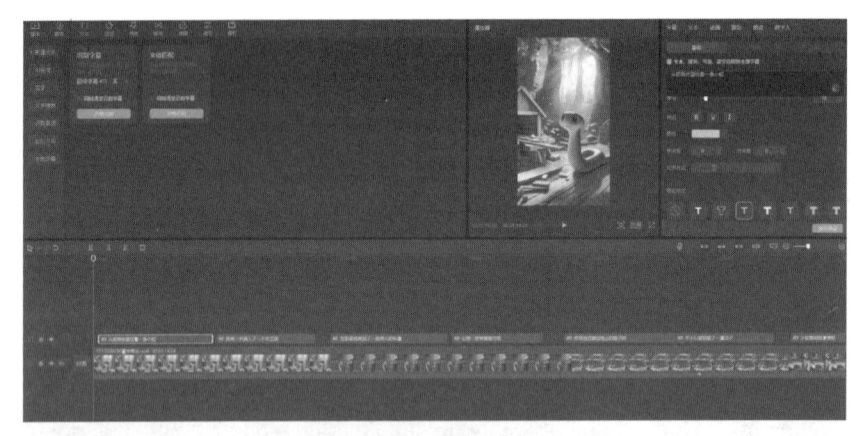

步骤 6 当识别完成后,字幕将自动添加到视频的副轨道上,如图6-23所示。

图6-23 字幕识别完成

步骤 7 这一步我们可以调整字幕的位置、大小、字体、颜色等设置;也可以检查一下字幕是否有错别字、音画不同步的情况,手动进行调整,如图6-24所示。

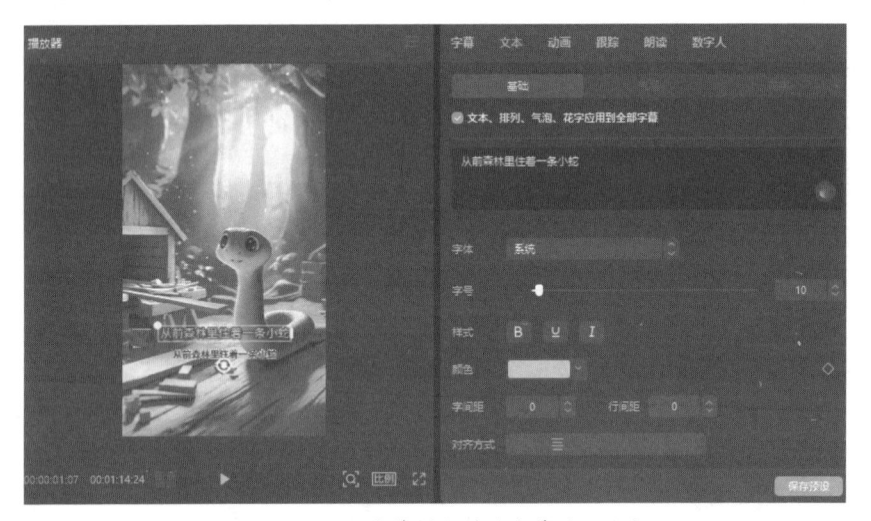

图6-24 调整字幕样式并对字幕进行检查

> **温馨提示**
>
> 如果对第一句字幕进行了样式设置（如位置、大小、字体等），这些设置将自动应用到后续的所有字幕上，对特定字幕进行单独修改的情况除外。

步骤 8 完成所有编辑后，单击"播放"按钮预览视频字幕生成效果。如果没有任何问题，单击右上角的"导出"按钮，选择适当的导出格式和分辨率，将视频导出保存，如图6-25所示。

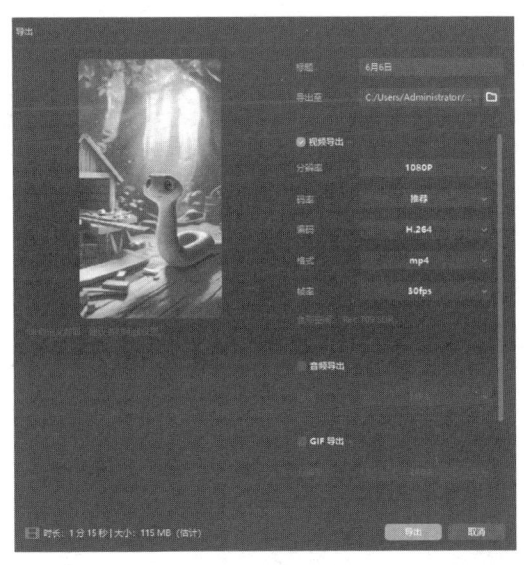

图 6-25 导出视频

6.1.4 ▶ 实战4：使用朗读功能为文本内容生成AI配音音频

在浏览短视频时，电子语音朗读字幕已成为增添趣味与活力的点睛之笔。而剪映作为一款业界领先的视频剪辑软件，其强大的功能同样支持这一创意实践。值得一提的是，剪映的AI配音功能凭借先进的深度学习技术和精准的训练，能够模拟出丰富多样的音色和语言，为用户提供个性化、高品质的配音选择。通过该功能，用户只需轻松点击，即可为视频赋予生动的声音，既简单又方便，让创作更加丰富多彩。

本实战将使用朗读功能为文本内容生成AI配音音频，其具体制作方法如下。

步骤 ① 打开剪映PC端，进入主页面，如图6-26所示。

图6-26 进入主页面

步骤 ② 进入编辑页面后，单击"本地"选项下的"导入"按钮，导入一段视频，如图6-27所示。

图6-27 导入视频

步骤 ③ 在编辑页面中，单击"文本"按钮，选择"智能字幕"选项，对生成的字幕进行编辑，如图6-28所示。

第6章 AI智能编辑短视频

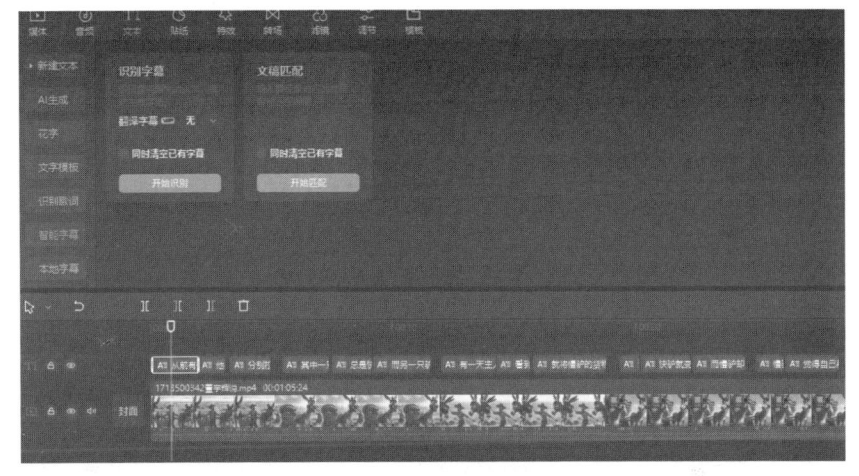

图6-28 选择"智能字幕"选项

步骤 4 找到需要修改的字幕，单击右上角的"编辑"按钮，对其字号大小、字体颜色进行调整，如图6-29所示。

图6-29 对生成的字幕进行调整

步骤 5 选中文本素材后，单击编辑页面右上方的"朗读"选项卡，如图6-30所示。

图 6-30 单击"朗读"按钮

步骤 6 在弹出的朗读配音选项中，可以看到不同的配音音色。选择想要的配音音色，然后单击"开始朗读"按钮（注意：这里要选中"朗读跟随文本更新"复选框），如图 6-31 所示。

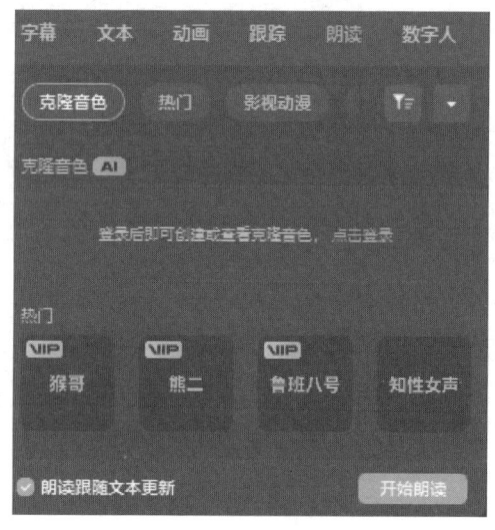

图 6-31 单击"开始朗读"按钮

步骤 7 朗读完成后，生成的配音音频会自动添加到音频轨道内，我们可以根据需要调整配音的音量、位置等参数，如图6-32所示。

图6-32 调整配音的音量、位置等参数

步骤 8 完成配音后，建议预览视频以确认配音效果，如果对声音不满意，重新选择合适的声音进行更换即可。对视频效果满意后，单击"导出"按钮将视频导出保存，如图6-33所示。

图6-33 导出视频

6.1.5 ▶ 实战5：给视频添加特效

剪映的功能多样，用户可以添加各种特效来增强视频的视觉效果，比如滤镜、转场、文字、特效等。给视频增添特效是很必要的，特效可以让视频更加生动、有趣和吸引人，增强视觉效果，提升观看体验。特别是对于一些个人视频制作者和小型创意团队来说，使用特效可以让他们的作品更有创意和个性，从而更容易吸引观众的注意力。

本实战将学习利用剪映来给视频添加特效，具体操作步骤如下。

步骤 1 打开剪映PC端，进入主页面，如图6-34所示。

图6-34 进入主页面

步骤 2 进入创作页面后，单击"本地"选项下的"导入"按钮，导入一段本地视频，并且拖到时间轴的主轨道上，如图6-35所示。

图6-35 导入视频并将其拖到时间轴的主轨道上

步骤3 将时间轴移到需要添加特效的视频位置,在编辑页面的左上角单击"特效"按钮,选择"画面特效"选项进入画面特效页面,选择适合主视频风格的特效,这里我们选择了"放大镜"特效,如图6-36所示。

步骤4 如果想让特效作用于整个视频,那么就需要将特效时长拉伸到与视频齐平,同时在页面右侧对"放大镜"特效进行参数调整,如图6-37所示。

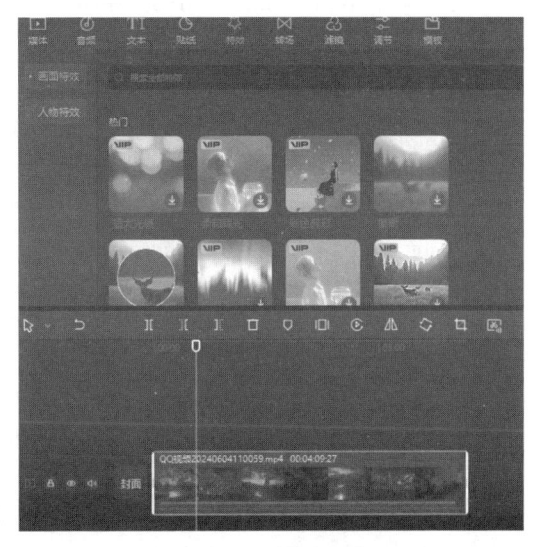

图6-36 选择画面特效

图6-37 对"放大镜"特效进行参数调整

步骤5 参数调整完成后,单击"播放"按钮对视频进行预览,确认无问题后单击编辑页面右上角的"导出"按钮即可导出视频,如图6-38所示。

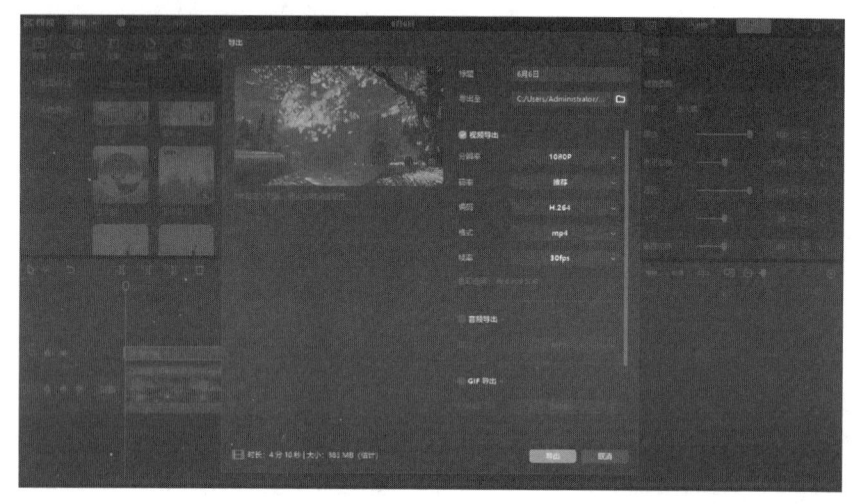

图6-38 导出视频

6.2 智能视频剪辑与色彩调整

本节内容将深入探讨如何使用剪映电脑版进行智能视频剪辑与色彩调整。我们将通过3个实战案例,展示AI技术的强大应用:智能识别旅行视频并自动剪辑,智能调整美食视频色彩与滤镜,运用"色度抠图"功能精准抠取视频中的人像。这些实战案例将帮助大家全面掌握剪映的智能剪辑与色彩调整技巧,提升视频作品质量。

6.2.1 实战1:智能识别与自动剪辑旅行视频

剪映作为一款实用的视频剪辑软件,其易用性和高效性深受用户喜爱。它赋予用户快速、便捷的剪辑体验,不仅简化了复杂的制作流程,更通过提供多元化的素材库和特效,助力用户打造出具有卓越品质的视频作品。比如,自动剪辑功能凭借其智能算法,根据用户选出的音乐和视频素材,能自动生成一段精彩的视频,这一功能的出现,很大程度上节省了我们的时间和精力。

接下来,我们将利用剪映的智能识别功能,学习如何剪辑旅行视频,具体操作步骤如下。

步骤 1 打开剪映PC端,进入主页面,如图6-39所示。

图6-39 进入主页面

步骤 2 将需要用到的视频整理好,单击"本地"选项下的"导入"按钮,导入一段本地视频,如图6-40所示。

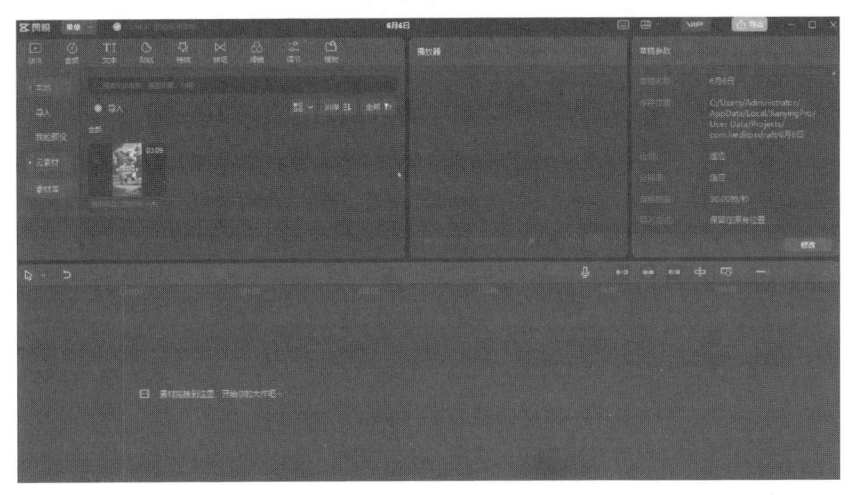

图6-40 导入一段本地视频

步骤 3 将导入的本地视频素材拖到时间轴的主轨道,如图6-41所示。

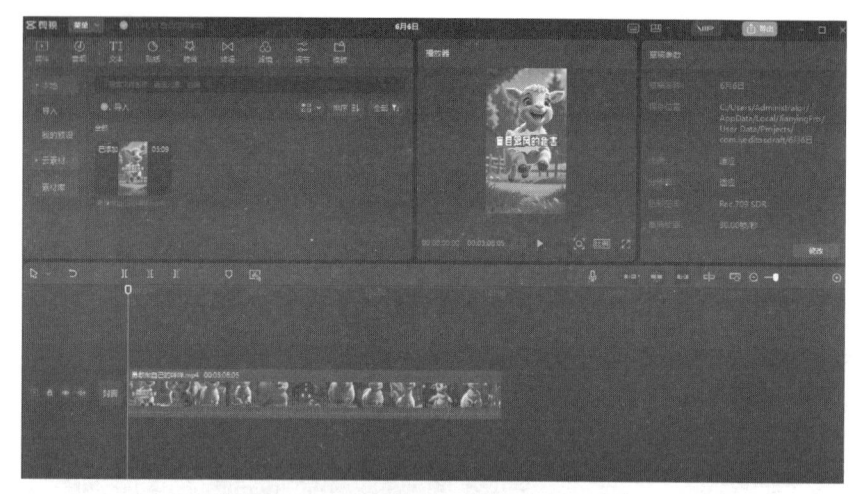

图 6-41 将视频素材拖到时间轴的主轨道

步骤 4 选中需要剪辑的本地视频,选择右侧操作界面中的"画面"选项,接着选中"基础"功能下的"智能剪裁"复选框,如图 6-42 所示。

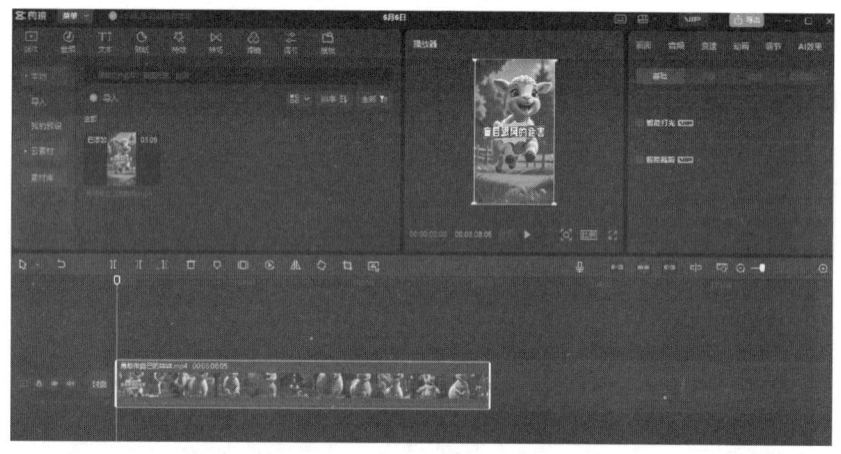

图 6-42 选中"智能剪裁"复选框

步骤 5 选中"智能剪裁"复选框后,下方会出现"目标比例""镜头稳定度"和"镜头位移速度"选项,此处我们选择"目标比例"选项进行调试,根据制作的视频尺寸进行选择,如图 6-43 所示。

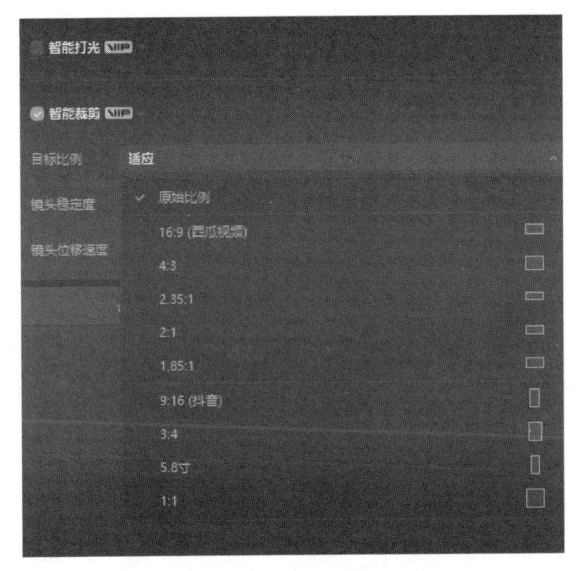

图6-43 调试目标比例

步骤 6 根据发布平台选择比例，完成后单击"应用效果"按钮，如图6-44所示。

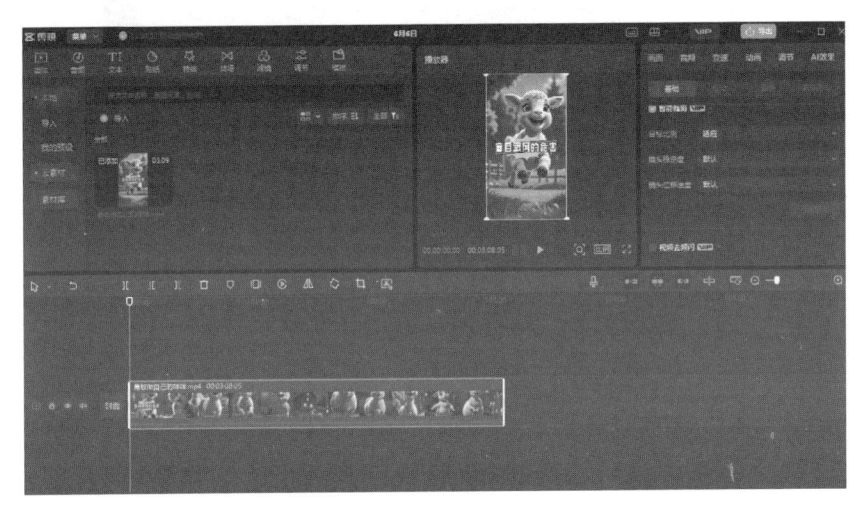

图6-44 单击"应用效果"按钮

步骤 7 当所有制作完成后，单击编辑页面右上角的"导出"按钮即可导出视频，如图6-45所示。

图6-45 导出视频

6.2.2 实战2：使用智能色彩与滤镜调整美食视频色彩

一段引人入胜的视频背后，往往蕴藏着精细的后期制作，其中调色无疑是不可或缺的一环。特别是对于美食视频而言，恰到好处的色彩调整能够显著提升作品的视觉吸引力，使其在众多视频中脱颖而出。剪映作为一款专业的视频编辑工具，特别设计了智能调色功能，只需一键操作，便能对原始视频的色彩进行精准优化，为作品增添无限魅力。

本实战将使用剪映的智能色彩调整及滤镜来调整美食视频色彩，其具体制作方法如下。

步骤 1 打开剪映PC端，进入主页面，如图6-46所示。

图 6-46 进入主页面

步骤 2 单击"本地"选项下的"导入"按钮，导入一段本地美食视频，如图 6-47 所示。

图 6-47 导入一段本地美食视频

步骤 3 将导入的本地视频素材拖到时间轴的主轨道，如图 6-48 所示。

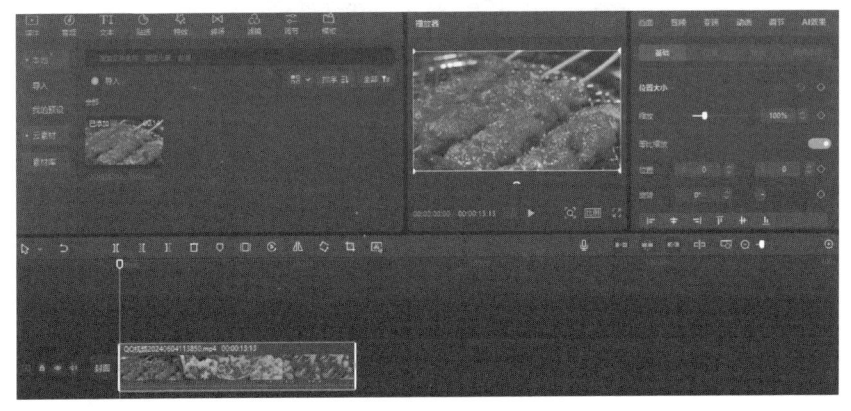

图 6-48 将素材拖到时间轴的主轨道

步骤 4 在时间线面板中，选中需要调色的美食视频素材，单击页面上方的"调节"按钮，进入调色面板，如图6-49所示。

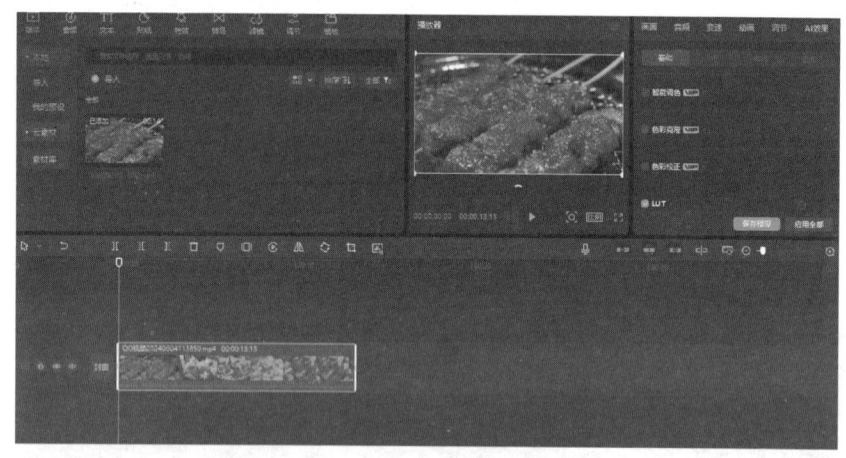

图6-49 单击"调节"按钮

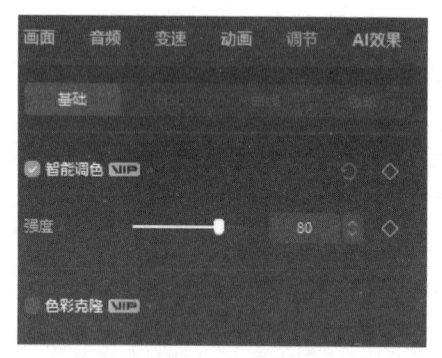

步骤 5 在调色面板中，选中"智能调色"复选框，剪映会根据视频内容自动调整色彩，使其更加鲜艳、饱满，适合美食的展示，如图6-50所示。如需手动调整色彩，可以选择调色的强度，根据视频需求调节。

图6-50 选中"智能调色"复选框

步骤 6 调色完成以后，需要给美食视频添加滤镜。单击编辑页面左上角的"滤镜"按钮，进入"滤镜库"页面，里面有很多日常可以用到的滤镜，如图6-51所示。

图6-51 "滤镜库"页面

步骤 7 在"滤镜库"中选择合适的滤镜(此处我们选择的是"轻食"滤镜),单击进行下载,然后单击"+"按钮即可完成添加,如图6-52所示。

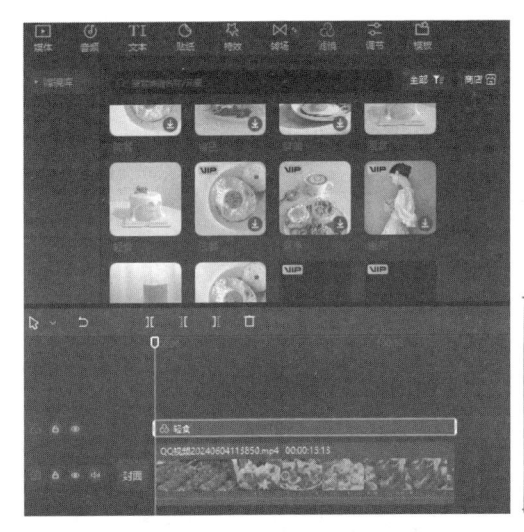

温馨提示

需要将滤镜应用到整个视频当中,因此滤镜的长度需拉伸至与美食视频齐平。

图6-52 添加滤镜

步骤 8 当视频制作完成以后,单击编辑页面右上角的"导出"按钮即可导出视频,如图6-53所示。

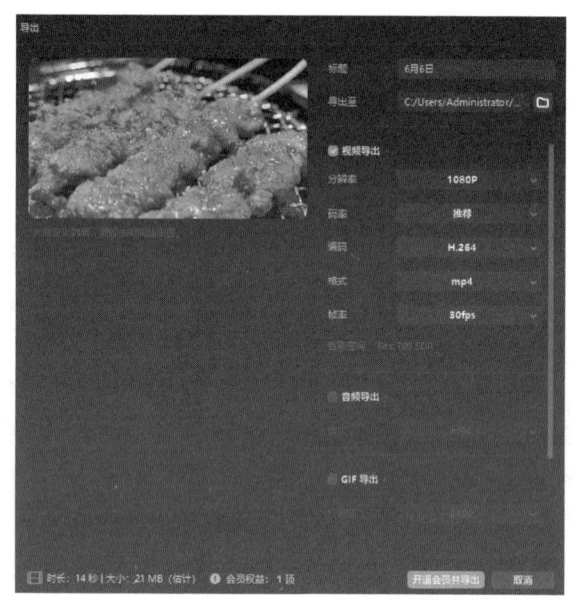

图 6-53　导出视频

6.2.3 ▶ 实战 3：使用色度抠图功能抠取视频中的人像

剪映的色度抠图功能为用户提供了一个强大的工具，能够在线快速且准确地完成抠图操作。使用这一功能可以轻松地将视频中的特定颜色背景抠除，实现个性化的视频编辑效果。

本实战将详细讲解使用色度抠图功能的操作步骤。

步骤 ① 打开剪映 PC 端，进入主页面，如图 6-54 所示。

图 6-54　进入主页面

步骤 2 导入两段视频文案,其中一段视频文案是需要进行色度抠图使用的,尽量选择纯色背景的视频,色度抠图的效果比较好,如图6-55所示。

图6-55 导入两段视频文案

步骤 3 选中要进行色度抠图的视频,在页面右侧选择"画面"→"抠像"选项,接着选中"色度抠图"复选框,如图6-56所示。

图6-56 选中"色度抠图"复选框

步骤④ 接下来，定位到图像的纯色背景部分，使用"取色器"工具，将鼠标指针移动到背景上并单击。此时，"取色器"会捕捉该位置的颜色，并作为"色度抠图"的基准色，如图6-57所示。

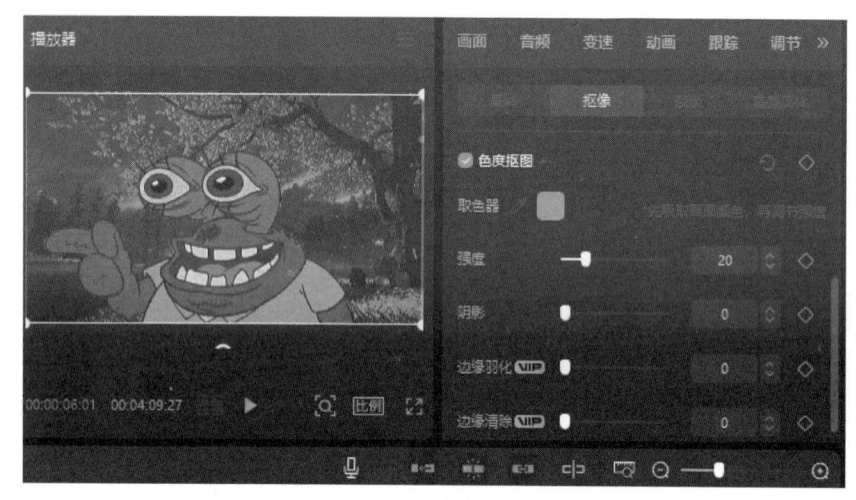

图6-57 使用"取色器"工具进行抠图

步骤⑤ 确定了基准色之后，需要调整"强度"数值。"强度"数值决定了色度抠图的敏感程度。数值越大，抠图效果越明显，但同时也可能带来更多的边缘噪声。因此，我们需要根据图像的具体情况，逐步调整强度数值，直到达到满意的效果。"强度"数值调整结束后，接下来调节"阴影"数值，适当增加阴影数值，可以让抠图后的物体看起来更加立体、自然，不要过度增加"阴影"，如图6-58所示。

步骤⑥ 调整完成后，单击"播放"按钮对视频进行预览，

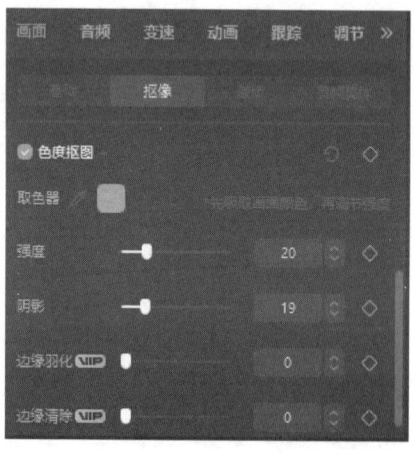

图6-58 调整"强度"和"阴影"数值

无问题后单击编辑页面右上角的"导出"按钮即可导出视频，如图6-59所示。

图 6-59　导出视频